GUNIUJIANG HUDIE

牯牛降蝴蝶

诸立新　陈文豪　吴建中　晏　鹏◎编

安徽师范大学出版社
·芜湖·

责任编辑:童　睿
装帧设计:丁奕奕

图书在版编目(CIP)数据

牯牛降蝴蝶 / 诸立新 陈文豪 吴建中 晏鹏 编. —— 芜湖 : 安徽师范大学出版社, 2016.5
ISBN 978-7-5676-2366-8

Ⅰ. ①牯… Ⅱ. ①诸… Ⅲ. ①蝶 - 安徽省 - 图集 Ⅳ. ①Q969.420.8-64

中国版本图书馆CIP数据核字(2015)第306814号

牯牛降蝴蝶

诸立新　陈文豪　吴建中　晏鹏　编

出版发行:安徽师范大学出版社
芜湖市九华南路189号安徽师范大学花津校区　　邮政编码:241002
网　　址:http://www.ahnupress.com/
发 行 部:0553-3883578 5910327 5910310(传真)
E-mail:asdcbsfxb@126.com
印　　刷:安徽明星印务有限公司
版　　次:2016年5月第1版
印　　次:2016年5月第1次印刷
规　　格:787mm × 1092mm　1/16
印　　张:10.5
字　　数:220千字
书　　号:ISBN 978-7-5676-2366-8
定　　价:95.00元

顾　问：吴孝兵　顾长明　汪小平　程伟民

《牯牛降蝴蝶》编委会

（按姓氏拼音顺序）

前　言

牯牛降国家级自然保护区位于安徽南部的石台县和祁门县交界处，地处东经117°15′~117°34′，北纬29°59′~30°06′，面积6 713.30hm²。1982年，经安徽省人民政府批准建立省级自然保护区。1988年，经国务院批准晋升为国家级自然保护区，是安徽省第一个被批建的森林生态类型的国家级自然保护区。牯牛降自然条件优越，保护区境内地带性原生植被保存完好，森林生态系统结构复杂，是华东地区中亚热带北缘湿润季风区常绿阔叶林带物种群落的典型分布区域之一。牯牛降动植物资源极为丰富，是我国东部为数不多保存完好的亚热带原生森林生态体系"本底"资源信息库，因物种丰富，特有种多而被《中国生物多样性保护性动计划》列为"中国优先保护生态系统"，属于我国"森林生态系统优先保护区"。牯牛降自然保护区主要保护对象是中亚热带常绿阔叶林、珍稀野生动植物资源和生态环境资源。

蝴蝶被誉为自然界的花朵，是非常美丽的一类昆虫。多数蝶类对寄主的专一性较强，虽然它们有一定的迁飞能力，但其分布仍是以寄主为中心的。因此，对环境变化非常敏感，是生物多样性检测的重要指示物种。部分蝶类是经济作物的重要害虫，它们常伴随人工种植的经济作物而出现，因此蝶类还可以反映出人类对环境的改变。之前对于牯牛降蝶类还没有报道，我们利用安徽牯牛降国家级自然保护区生物多样性调查的机会，于2011年至2013年在牯牛降进行了系统的调查，共计发现蝴蝶11科91属137种。由于时间仓促以及人员有限，导致对牯牛降蝴蝶的调查还有所疏漏，有待进一步的研究。本书对于蝶类区系研究具有一定的价值，并为保护区生物多样性检测和环境监测提供了基础资料，同时也能让广大爱好者更好地认识和了解牯牛降的蝴蝶，增强对生态环境保护和可持续发展的科学意识，提高科学素养，促进生态文明。

目 录

第一章 蝴蝶

蝴蝶属节肢动物门(Arthropoda)昆虫纲(Insecta)鳞翅目(Lepidoptera)锤角亚目(Rhopalocera)。

1.1 形态特征

蝴蝶大多数翅展在15mm~260mm,有2对膜质的翅;体躯长呈圆柱形,明显分头、胸、腹三段;身体及翅膜上覆有鳞片及毛,形成各种色彩斑纹。

1. 头部

蝴蝶的头部位于身体的最前部,呈圆球形或半球形,着生感觉及取食器官,复眼1对,触角末端膨大成球形或呈钩状,口器着生在头的腹方。

2. 胸部

蝴蝶的胸部位于头部后方,由前胸、中胸和后胸3胸节组成,紧密愈合。前胸小,腹面足1对;中胸最发达,背侧有1对翅,腹面足1对;后胸背侧有1对翅,腹面足1对。

3. 腹部及外生殖器

蝴蝶的腹部位于胸部后,由9节~10节组成,能够自由伸缩或弯曲。蝴蝶的全部内脏器官都包藏在腹部这一体段内,其末端数节称为生殖节,外生殖器着生在那里。

1.2 生活习性

蝴蝶是完全变态类的昆虫,其一生要经过卵、幼虫、蛹、成虫4个时期。

1. 活动

蝴蝶是昼出性昆虫,其活动都在白天,飞行姿态和速度因种而异。

2. 取食

蝴蝶成虫以虹吸式口器吸食花蜜、果汁、树液、糖饴或发酵物,也有吸食溪边或苔藓上的清水、鸟兽粪便液及动物尸体体液的,种类不同,摄食习性亦异。

3. 交配

蝴蝶成虫由于生活习性不同,外生殖器结构的变化,保证了不同种类不相互杂交。蝴蝶交配前,大多经过一段时间求婚飞翔的过程,有些种类的婚飞要有很大的空间。

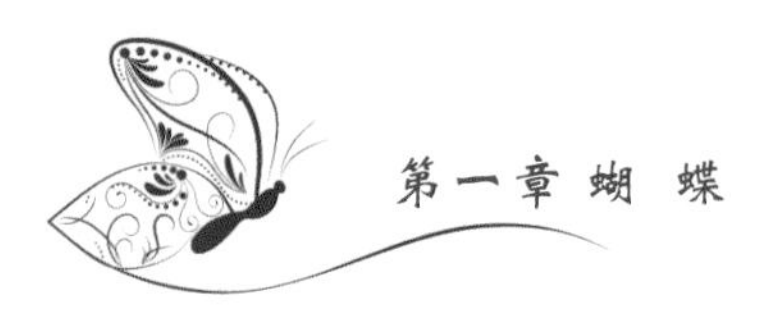

4. 产卵

蝴蝶雌虫交配后大多在寄主植物上一个一个散产卵粒，只有个别种类将卵产在寄主植物附近。蝴蝶产卵量一般为50粒～200粒，当能够获得丰富的营养时，产卵量会增加，当营养不足时，则产卵量减少。

1.3 蝶类和蛾类的区别

昆虫纲的鳞翅目包括蛾、蝶两类昆虫。全世界已知的鳞翅目昆虫约有112 000种，其中蝶类仅占10%左右，余下都是蛾类。作为鳞翅目的两类昆虫，其主要区别有以下几点：

第一，蝶类通常身体纤细，翅较阔大，有美丽的色泽；蛾类通常身体短粗，翅相对狭小，一般色泽不够鲜艳。

第二，蝶类触角呈棒状或锤状；蛾类触角呈栉状、丝状或羽毛状。

第三，蝶类白天活动；蛾类多在晚上活动。

第四，蝶类静止时双翅竖立于背上或不停扇动；蛾类静止时双翅平叠于背上或放置在身体两侧。

第五，蝶类前后翅一般没有特殊的联接构造，飞翔时后翅肩区直接贴在前翅下，以保持动作的一致；蛾类前后翅通常具有特殊的联接构造“翅轭”或“翅缰”，飞翔时使前后翅联系。

第二章 牯牛降保护区概况

2.1 地理位置

牯牛降国家级自然保护区（以下简称“牯牛降保护区”）位于安徽南部的石台县和祁门县交界处，地处东经117°15′~117°34′，北纬29°59′~30°06′。牯牛降山体庞大险峻，主峰海拔1 727.60m，相对高差1 649m，是安徽省南部高峰之一。

牯牛降保护区总面积6 713.30hm²，与5个乡镇的10个行政村毗邻。牯牛降保护区核心区面积2 054.10hm²，占保护区总面积的30.60%；缓冲区面积1 472hm²，占保护区总面积的21.93%；实验区面积3 187.20hm²，占保护区总面积的47.47%。

2.2 自然环境

1. 地质地貌

牯牛降保护区在大地构造上属扬子凹陷与江南台隆的过渡地带，其主体牯牛大岗—大历山经多旋回构造运动的影响，发育成安徽省内典型的褶皱断块山。牯牛降保护区岩石成份复杂，有花岗岩、千枚岩、石灰岩等。因断裂切割和后期差异升降运动等影响，在地形上构成高峰峻岭、峡谷万丈的地貌景观，主峰一带明显突出，外围呈中低山峦，南坡山势陡峻，北坡地势平缓。

2. 气候

牯牛降保护区地处中亚热带北缘，属中亚热带温暖湿润的季风气候区。由于地形复杂，高差较大，山地局部气候和垂直气候明显。区内平均气温9.2℃~16℃，一月份平均气温-1.9℃~3.5℃，7月份平均气温为19.7℃~27.9℃；年平均降水量山麓地区为1 600mm~1 700mm，山上部地区最大年降水量达2 700mm；年平均相对湿度79%~81%。因此，牯牛降保护区气候具有气温低、降水量大、湿度高、垂直变化显著等特点。

3. 土壤

牯牛降保护区内水平地带性土壤为黄红土壤。随着海拔高度的下降，生物、气候垂直变化明显，土壤呈现明显的差异，构成了明显的山地土壤垂直带谱，依次为山地草甸土带（海拔1 650m以上山顶或近山顶平缓处），山地黄棕壤带（分布在海拔1 100m以上山地），山地黄壤带（分布在海拔700m~1 100m的山地中部），黄红壤带（600m~700m的山

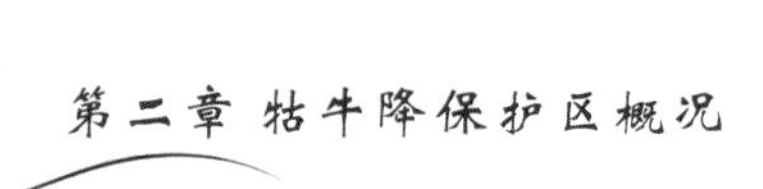

地下部或山麓地带)。

4. 水文

牯牛降保护区河系发育,是闾江、秋浦、后河诸水的最高分水岭,山岭南北均属长江流域。牯牛降保护区水资源丰富,地表水资源模数为每平方千米约 9.70×10^5 m^3,地下水资源模数为每平方千米约 1.70×10^5 m^3,保水性强,河流终年水不断流。牯牛降保护区地表水基本上属中性水、软水,据水样分析,重金属和有机氯含量均远远低于我国地表水水质卫生标准,天然水质良好。

5. 植被

牯牛降保护区具有华东地区森林生态系统"本底"资源信息库的典型代表性,区内森林覆盖率97.96%。牯牛降保护区地带性原生植被垂直分布自下而上分别为常绿阔叶林、常绿落叶阔叶混交林和落叶阔叶林,海拔1 300m以上则依次为山地灌丛矮林、山地草甸带,并由大块状分布的黄山松天然林,其中一些在其他地方极为少见的典型的常绿阔叶林,如米槠林、甜槠林、栲树林、绵槠林、乌楣栲林、钩栗林、三叶赤楠灌丛,以及南酸枣林等在牯牛降保存较为完整。

第三章 牯牛降蝴蝶

3.1 凤蝶科Papilionidae

1. 成虫

凤蝶科包括蝴蝶中的一些中型和大型美丽的种类，色彩鲜艳，底色多黑、黄或白，有蓝、绿、红等颜色的斑纹。

凤蝶科蝴蝶下唇须通常小；喙管及触角发达，后者向端部逐渐加大；前足正常，爪1对，下缘平滑不分叉；前、后翅三角形，中室闭式，前翅R脉5条，A脉2条，通常有1条臀横脉(cu-a)，后翅只1条A脉，肩角有一钩状的肩脉(h)生在亚缘室上，多数种类M_3常延伸成尾突，也有的种类无尾突或有2条以上的尾突。

凤蝶科蝴蝶大多数种类其雌雄的体形、大小与颜色相同；雄性常有绒毛或特殊的鳞分布在后翅内缘的褶内，也有因季节不同而呈现差异，更有某些种类雌性多型，造成鉴别上的困难。

凤蝶科蝴蝶多在阳光下活动，飞翔在丛林、园圃间，行动迅速，捕捉困难。

2. 卵

凤蝶科蝴蝶的卵近圆球形，表面光滑，或有微小而不明显的皱纹。卵多产在寄主植物上，散产，也有多个产在一起的。

3. 幼虫

凤蝶科蝴蝶的幼虫粗壮，后胸节最大，体多光滑，有些种类有肉刺或长毛；体色因龄期而有变化，初龄多暗色，拟似鸟粪，老龄常为绿、黄色，有红、蓝、黑斑而呈警戒色；受惊时从前胸或前缘中央能翻出红色或黄色Y形或V形臭角，散发出不愉快的气味以御敌。

4. 蛹

凤蝶科蝴蝶的蛹为缢蛹，表面粗糙，头端二分叉，中胸背板中央隆起，喙到翅芽的末端，以蛹越冬，化蛹地点在植物的枝干上。

5. 寄主

凤蝶科蝴蝶的寄主主要是芸香科(Rutaceae)、樟科(Lauraceae)、伞形科(Umbelliferae)及马兜铃科(Aristolochiaceae)植物，其中有多种为柑橘(*Citrus reticulata*)害虫。

6. 分布

凤蝶科蝴蝶全省广布。

3.1.1 裳凤蝶属 *Troides*

【金裳凤蝶】*Troides aeacus*（Felder et Felder）

金裳凤蝶为大型蝴蝶，翅展达125mm～170mm。成虫体黑色，头颈部及胸部外侧有红色鳞毛，腹部背面黑色节间黄色，腹面黄色。前翅黑色，翅脉漆黑色，有天鹅绒光泽；后翅金黄色，有黑色外缘或亚外缘斑，翅脉黑色，外缘各室有1枚钝三角形黑斑，内缘有灰白色长毛。雄蝶正面后翅亚外缘黑斑向内有黑色鳞片形成的晕斑；雌蝶后翅亚外缘黑斑呈长楔形，且不与外缘黑斑相连。雄蝶喜在高处翱翔，雌蝶喜访花。幼虫取食马兜铃属（*Aristolochia*）植物。

3.1.2 麝凤蝶属 *Byasa*

【中华麝凤蝶】*Byasa confusua* (Rothschild)

中华麝凤蝶的翅展达80mm~110mm。雄蝶正面黑色具天鹅绒光泽,后翅内缘褶皱内有黑色性标,反面黑色,后翅亚外缘及臀角有7枚紫红色斑,靠近前缘的第7枚斑很小;雌蝶正面浅土黄色,各室有深灰色条纹,后翅外缘及尾突灰黑色,反面同雄蝶。成虫飞行缓慢,常滑翔,喜访花。幼虫取食马兜铃科的寻骨风(*Aristolochia mollissima*)。

【灰绒麝凤蝶】*Byasa mencius*（Felder et Felder）

灰绒麝凤蝶翅展达85 mm～120mm。成虫个体通常比中华麝凤蝶大，尾突更长。雄蝶翅灰黑色，后翅亚外缘及臀角有6枚～7枚紫红色斑，除靠近前缘的第7枚经常消失外，其他6枚都较发达，其中4枚呈新月形，后翅正面内缘褶皱内为灰白色；雌蝶个体较雄蝶大，正面浅灰色，紫红色斑更为大而明显。寄主为马兜铃属植物。

3.1.3 珠凤蝶属 *Pachliopta*

【红珠凤蝶】*Pachliopta aristolochiae*（Fabricius）

红珠凤蝶的翅展达85mm~100mm。成虫体黑色，头颈部有红毛，腹部腹面红色。前翅灰色，外缘及翅脉黑色，各室有黑色条纹；后翅黑色，正面亚外缘有不明显的弯月形暗红色斑，反面亚外缘有6枚~7枚黄褐色或粉红色圆斑，中域有3枚~5枚并行白斑；尾突较圆。幼虫以马兜铃属植物为食。

3.1.4 凤蝶属 *Papilio*

【美凤蝶】*Papilio memnon* Linnaeus

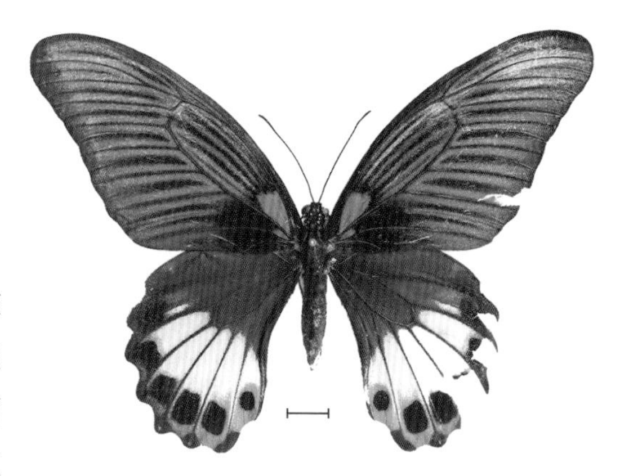

美凤蝶的翅展达115mm～140mm，雌雄异型。雄蝶无尾突，翅黑色，正面各翅室中部有深色条纹，分布蓝色鳞片，反面前后翅基部有红斑，后翅臀角有环状红斑；雌蝶具多型，前翅浅灰色，外缘和翅脉黑色，各翅室中部有黑色条纹，翅基部黑色，中室基部红色，后翅中域有多枚白斑，有尾型中室端有1枚白斑，无尾型后翅白斑较长，但中室内无白斑。后翅反面基部有4枚红斑，其余同正面。雌蝶中偶尔还会出现斑纹模仿雄蝶的个体，后翅白斑消失代以蓝色鳞片。成虫喜访花，雄蝶飞行力很强，雌蝶飞行较缓慢，常滑翔。幼虫取食芸香科植物。

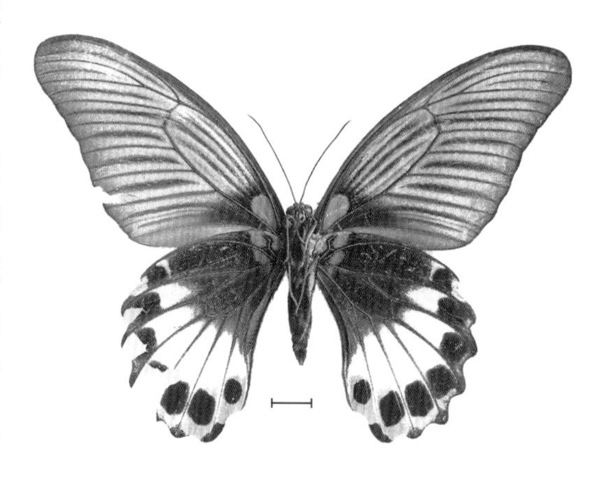

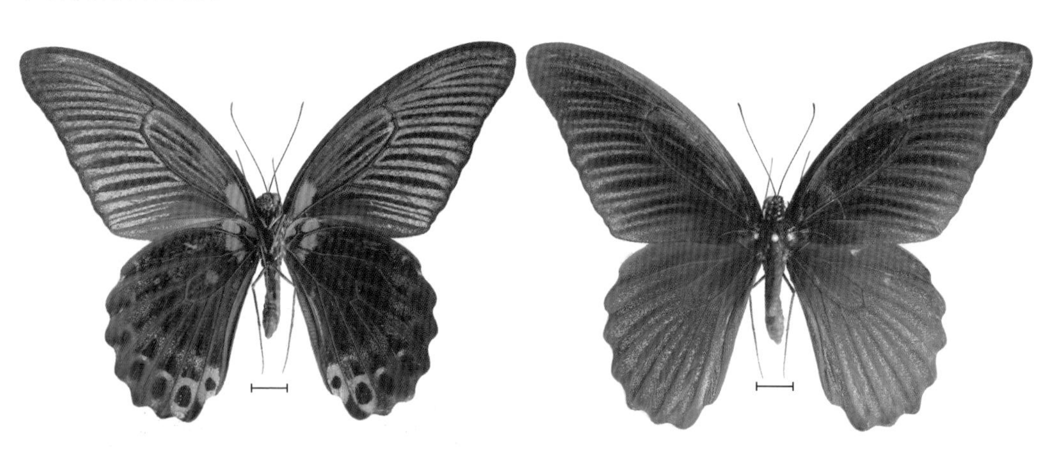

【蓝凤蝶】*Papilio protenor* Cramer

蓝凤蝶翅展达100mm~135mm。成虫体黑色，翅黑色有天鹅绒光泽，后翅反面外缘上部和靠近臀角的地方有3枚新月形红斑，臀角有1枚环状红斑，无尾突。雌雄异型，雄蝶后翅正面前缘有1枚白色长斑，雌蝶后翅正面中部及中部有较多的蓝绿色鳞。幼虫取食芸香科的柑橘、两面针（*Zanthoxylum nitidum*）、花椒（*Zanthoxylum bungeanum*）等。

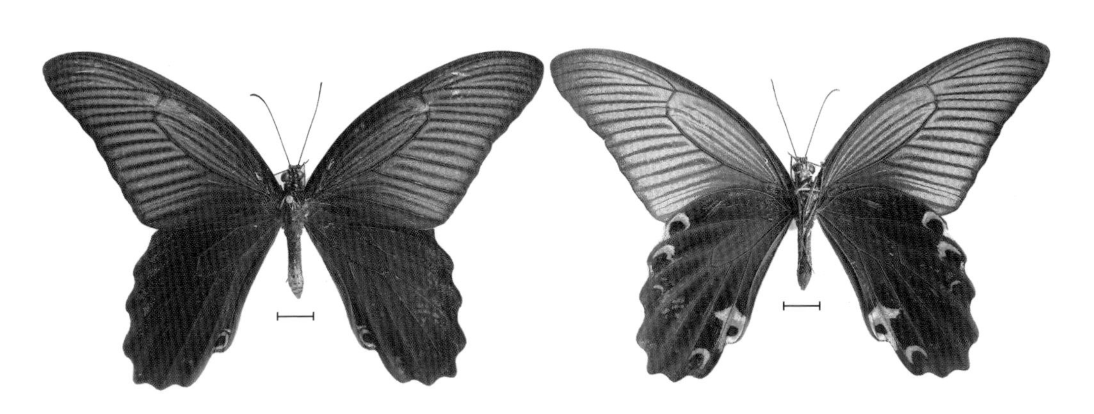

【美姝凤蝶】*Papilio macilentus* Janson

美姝凤蝶翅展达75mm~120mm。成虫翅型狭长，具较长的尾突，后翅反面外缘及亚外缘有新月形或飞鸟形的红斑，臀角有环状红斑。雌雄异型，雄蝶翅黑色，后翅正面前缘有1枚白色长斑；雌蝶翅灰色，前翅沿翅脉和各翅室有黑色条纹。成虫飞翔缓慢，喜访花、吸水。幼虫取食芸香科植物。

【玉带凤蝶】*Papilio polytes* Linnaeus

玉带凤蝶翅展达85mm～105mm。成虫体黑色，有白点。雌雄异型，雄蝶翅黑色，前翅外缘及后翅中域有1列白斑，后翅正面臀角处有蓝色鳞，反面亚外缘有1列淡黄色斑点。雌蝶多型，常见的型前翅浅灰色，翅脉黑色，各翅室有黑色条纹，翅基部及外缘黑色，后翅黑色，中域有2枚~5枚白斑，臀区有条形红斑，亚外缘有新月形红斑；有的型后翅白斑为带状，模拟雄蝶；有的型则后翅无白斑。玉带凤蝶是常见的凤蝶之一，绿化较好的城市里也可以见到，成虫喜访花。幼虫取食芸香科的多种植物。

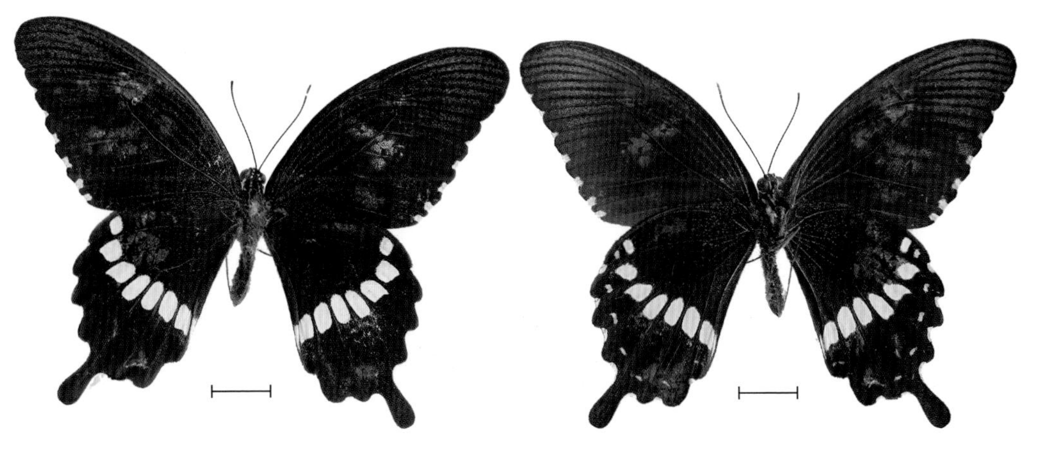

【碧凤蝶】*Papilio bianor* Cramer

碧凤蝶翅展达85mm~130mm。成虫体翅黑色，散布黄绿色和蓝绿色鳞片，后翅正面亚外缘有1列蓝色和红色弯月形斑。雄蝶前翅正面cu_2~m_3室有性标，春型性标较稀疏；后翅尾突沿翅脉分布一定宽度的蓝绿色鳞，夏型较集中，春型整个尾突都布满蓝绿色鳞；反面前翅有灰白色宽带，由后角向前缘逐渐加宽，后翅内缘区及中域分布白色鳞片，亚外缘有1列弯月

形或飞鸟形红斑。成虫常见访花、吸水或沿山路飞行。寄主为芸香科植物。

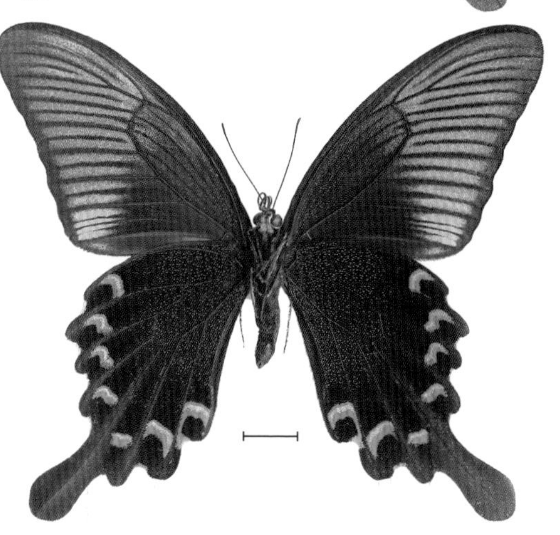

【穹翠凤蝶】*Papilio dialis* Leech

穹翠凤蝶翅展达105mm~120mm。穹翠凤蝶较接近碧凤蝶，但可据以下几方面鉴别：正面分布草黄绿色鳞片而非翠绿色鳞片，较素雅；雄蝶前翅性标为条状，各处等宽，不同翅室内性标互相独立不相连；前翅反面各室内均有灰白色鳞片，翅基部黑色区域较小；后翅反面白色鳞片只分布在内缘区而不扩散至中域；亚外缘红斑发达，呈飞鸟形，臀角为环形红斑。成虫喜欢吸水或沿山路飞行，较为少见。寄主为芸香科和漆树科（Anacardiaceae）植物。

【绿带翠凤蝶】*Papilio maackii* Ménétriés

绿带翠凤蝶翅展达100mm~115mm。省内分布的为南方型，十分接近碧凤蝶，但可从以下几方面区别：前翅顶角较突出；雄蝶性标更为发达；两性后翅外中域绿色鳞片较密集，形成不明显的绿带，该绿带外侧至亚外缘红斑之间为黑色区域，几乎无绿色鳞片分布；后翅尾突通常较碧凤蝶细，其上绿色鳞片沿翅脉集中分布，后翅反面亚外缘红斑多为矩形或梯形而较少呈飞鸟形。成虫常见访花、吸水或沿山路飞行。寄主为芸香科植物。

【**柑橘凤蝶**】*Papilio xuthus* Linnaeus

柑橘凤蝶翅展达70mm~100mm。成虫体黑色，体侧、腹部腹面黄白色。翅白色偏绿或偏黄，各翅脉附近形成黑色条纹，翅外缘和亚外缘有2条黑带，并在亚外缘形成1列淡色新月形斑。前翅中室内有数条放射装黑线，r_4及r_5室内有2枚黑点，cu_2室有1条从基部伸出的纵带，后翅亚外缘的黑带上分布有蓝色鳞片，臀角处常有橙色斑，其上有1枚黑点，但春型该黑点可能退化，夏季型后翅前缘还有1枚黑斑。反面颜色稍淡，后翅亚外缘区蓝色斑明显，内侧有橙色斑，其余同正面。柑橘凤蝶为常见的凤蝶之一，喜访花。幼虫取食芸香科植物。

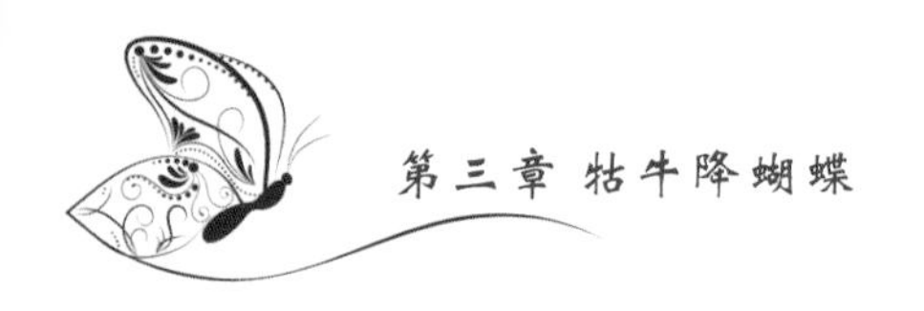

【金凤蝶】*Papilio machaon* Linnaeus

金凤蝶翅展达80mm~105mm。成虫体黑色，体侧、腹部腹面黄色。翅黄色，各翅脉附近形成黑色条纹，翅外缘和亚外缘有2条黑带，并在亚外缘形成1列新月形黄斑。前翅基部黑色，其上散布着黄色鳞片，中室中部和端部有2条短黑带。后翅中室端有1枚钩状黑斑，亚外缘黑带处分布蓝色鳞片，臀角处有1枚红色圆斑。反面色稍淡，后翅亚外缘区蓝色斑明显，内侧在m_3和m_4室有橙红色斑，其余同正面。金凤蝶为分布较广的凤蝶之一，多见于田野、丘陵和山地，高海拔地区也有分布，喜吸食花蜜。幼虫取食伞形科植物，偶尔也取食芸香科植物。

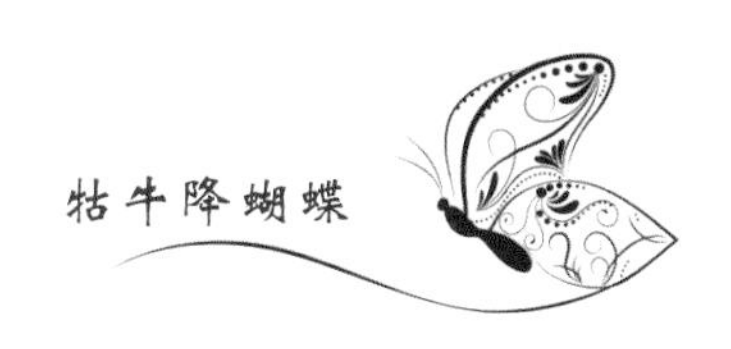

3.1.5 宽尾凤蝶属 *Agehana*

【宽尾凤蝶】*Agehana elwesi* Leech

宽尾凤蝶翅展达140mm~155mm。成虫为大型凤蝶，体翅黑色，翅面散布黄色或灰白色鳞，后翅外缘波状，波谷红色，外缘区有6枚弯月形红斑，后翅中域灰色，白斑型为白色。尾突宽大，呈靴形，进入2条翅脉。成虫常见在高空或峭壁翱翔，也在低海拔地区吸水。寄主为木兰科（Magnoliaceae）的鹅掌楸（*Liriodendron chinense*）和厚朴（*Magnolia officinalis*）。

3.1.6 青凤蝶属 *Graphium*

【青凤蝶】*Graphium sarpedon*（Linnaeus）

青凤蝶翅展达70mm~80mm。成虫无尾突，翅黑色，前翅有1列青色方形斑，从顶角到后缘逐渐加宽，中室内一般不进入青色斑，据此可与其他种类区分，但春型个体偶尔会出现中室斑。后翅中域也有1条青带，但斑带型个体只保留前缘的白色斑及下方的1枚很小的青斑，亚外缘有1列新月形青斑。反面后翅基部有1条红色短线，外中域至内缘有数枚红色斑纹，其他与正面相似。雄蝶后翅内缘褶内有灰白色的发香鳞。成虫飞行迅速，常见访花、吸水或在树冠处飞翔。寄主为樟科和番荔枝科（Annonaceae）植物。

【黎氏青凤蝶】*Graphium leechi*（Rothschild）

黎氏青凤蝶翅展达75 mm ~ 85mm。成虫无尾突，翅黑色，前翅亚外缘、中域及中室有3列白色或淡青色斑，亚外缘斑圆形，中域斑列为条形，向后缘逐渐加宽，中室内为5条白色端横纹。后翅基部及中域有5条长短不一的条纹，亚外缘有1列白色或淡青色斑。反面后翅基角有1枚橙色斑，外中域至内缘有4枚橙色斑，其他与正面类似。成虫常见访花或吸水。寄主为木兰科的鹅掌楸。

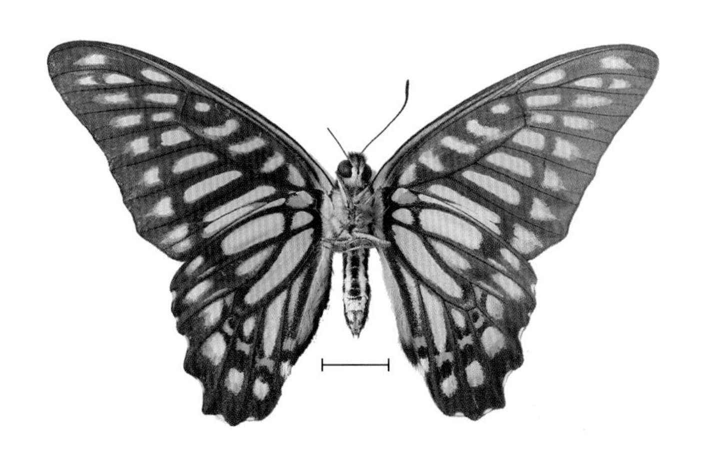

【宽带青凤蝶】*Graphium cloanthus*（Westwood）

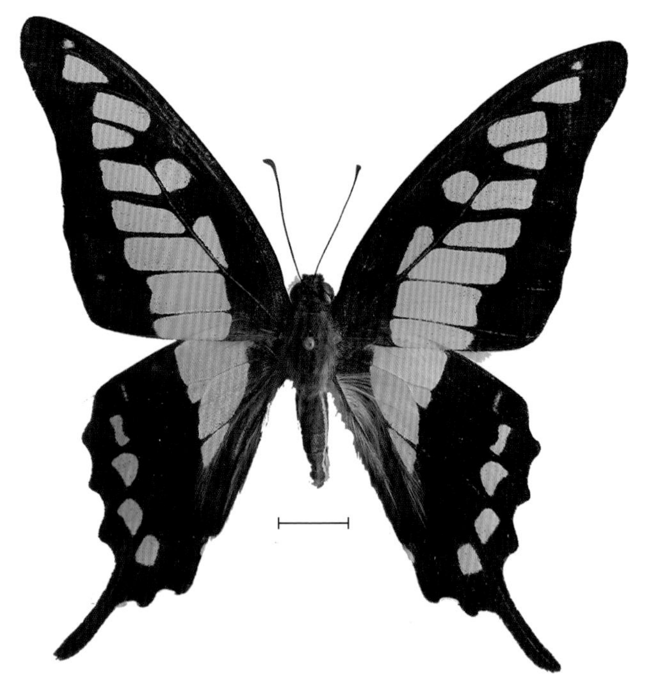

宽带青凤蝶翅展达75mm~80mm。成虫个体较大，翅黑色，前翅中域由1列矩形斑组成青色宽带，由顶角向后缘逐渐加宽，中室内进入2枚青斑，后翅基半部有1条倾斜的青色宽带，亚外缘有1列青色斑，尾突细。前翅反面外缘有1条浅色线，后翅基部以及外中域至臀角有红色斑，其他与正面相似。宽带型个体前后翅中带加宽，超过翅宽的一半，颜色稍浅。成虫常沿山路飞行或吸水。寄主为樟科的华润楠（*Machilus chinensis*）等。

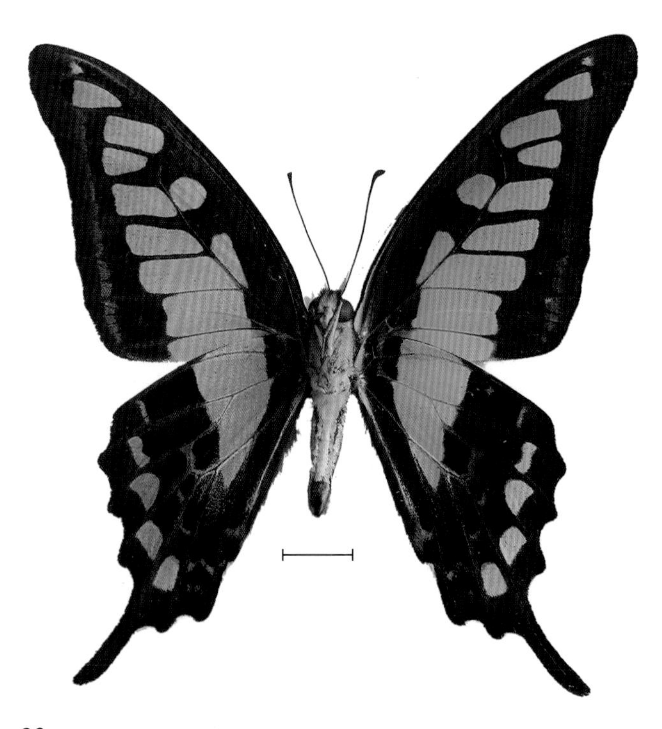

3.1.7 剑凤蝶属*Pazala*

【升天剑凤蝶】*Pazala euroua*（Leech）

升天剑凤蝶翅展达65mm~70mm。成虫体黑色，有灰白毛，腹面灰白色。翅白色，前翅有10条黑色斜带，基部的2条从前缘到达后缘，中间5条从前缘到达中室后缘，外侧的3条到达后角。后翅有5条从臀角至前缘的黑色斜纹，臀区及尾突黑色，臀角有2枚橙黄色斑，尾突基部处有3枚蓝色短斑，尾突细长，末端白色。后翅反面中部2条黑线间有时会有金黄色条状斑，也可能消失，反面色稍浅，其余类似正面。成虫在春季发生，常见吸水。寄主为樟科的大叶新木姜子（Neolitsea levinei）。

3.1.8 丝带凤蝶属 *Sericinus*

【丝带凤蝶】*Sericinus montelus* Gray

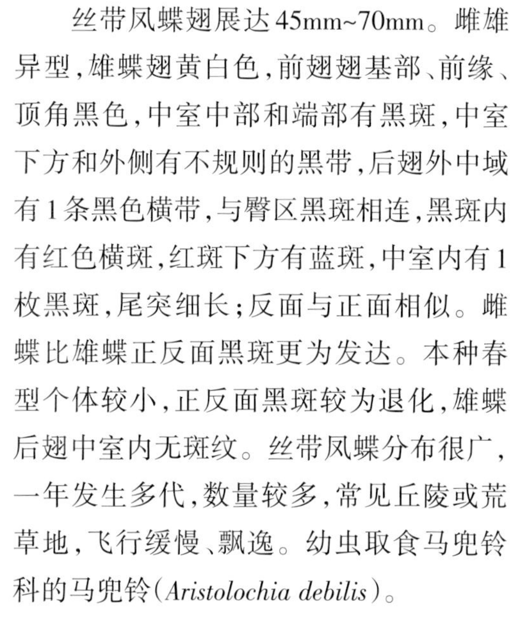

丝带凤蝶翅展达45mm~70mm。雌雄异型，雄蝶翅黄白色，前翅翅基部、前缘、顶角黑色，中室中部和端部有黑斑，中室下方和外侧有不规则的黑带，后翅外中域有1条黑色横带，与臀区黑斑相连，黑斑内有红色横斑，红斑下方有蓝斑，中室内有1枚黑斑，尾突细长；反面与正面相似。雌蝶比雄蝶正反面黑斑更为发达。本种春型个体较小，正反面黑斑较为退化，雄蝶后翅中室内无斑纹。丝带凤蝶分布很广，一年发生多代，数量较多，常见丘陵或荒草地，飞行缓慢、飘逸。幼虫取食马兜铃科的马兜铃（*Aristolochia debilis*）。

3.2 绢蝶科 Parnassiidae

1. **成虫**

绢蝶科和凤蝶科蝴蝶很接近,多数为中等大小,白色或蜡黄色。

成虫触角短,端部膨大成棒状;下唇须短;体被密毛。翅近圆形,翅面鳞片稀少(鳞片种子状),半透明,有黑色、红色或黄色的斑纹,斑纹多成环状。前翅R脉只4条,A脉2条,无臀横脉;后翅无尾突,A脉1条。雌性腹部末端在交配后产生各种形状的角质臀袋,以避免再次交配。

本科种类多产于高山上,仅少数种类分布在低海拔的山顶,耐寒力强,有的在雪线上下紧贴地面飞翔,行动缓慢,容易捕捉;均一年一代。

2. **卵**

绢蝶科蝴蝶的卵呈扁圆形,表面有细的凹点。

3. **幼虫**

绢蝶科和凤蝶科的幼虫很相似,有臭角,体色暗,有明显的淡色带纹或红斑。

4. **蛹**

绢蝶科蝴蝶的蛹有薄茧;体短,呈圆柱形,前后两端不尖出而圆钝,表面光滑无突起;多在地面砂砾的缝隙中化蛹。

5. **寄主**

绢蝶科蝴蝶的寄主主要为景天科(Crassulaceae)及罂粟科(Papaveraceae)的紫堇(*Corydalis edulis*)、延胡索(*Corydalis yanhusuo*)等。

6. **分布**

绢蝶科蝴蝶分布在我省淮河以南地区。

【**冰清绢蝶**】*Parnassius glacialis* Butler

冰清绢蝶翅展达55mm~65mm。成虫体黑色，翅白色，半透明，翅脉灰黑褐色。前翅外缘及亚外缘微现灰色横带，中室端和中室内各有1枚隐现的灰色横斑；后翅后缘为1条纵的宽黑带；中室端和中室内显灰色斑；反面似正面。成虫出现在4月~6月，多分布在低海拔地区，飞翔缓慢。寄主植物为延胡索等。

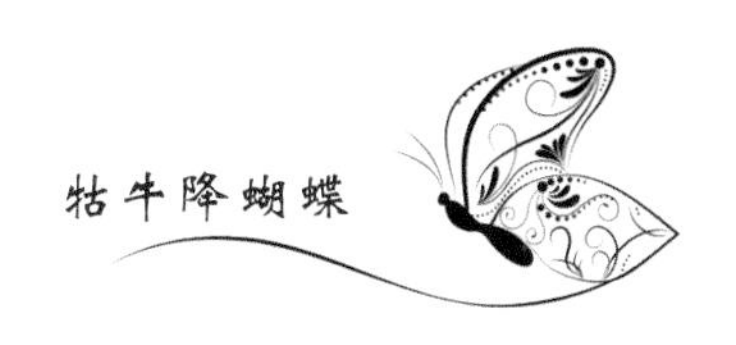

3.3 粉蝶科Pieridae

1. 成虫

粉蝶科蝴蝶体型为中等大小,色彩较素淡,多数为白色或黄色,少数种类为红色或橙色,有黑色斑纹,前翅顶角常黑色。

成虫头小;触角端部膨大,明显成锤状;下唇须发达。两性的前足均发达,有步行作用;有两分叉的两爪。前翅通常三角形,有的顶角尖出,有的呈圆形;R脉3条或4条,极少有5条,基部多合并;A脉1条。后翅卵圆形,无尾突;A脉2条。中室均为闭式。雄性的发香鳞在不同属分布于不同的部位:在前翅Cu的基部、后翅基角、中室基部或腹部末端。

粉蝶科蝴蝶不少种类呈性二型,也有季节型。成虫需补充营养,喜吸食花蜜,或在潮湿地区、浅水滩边吸水;多数种类以蛹越冬,少数种类以成虫越冬;有些种类喜群栖。

2. 卵

粉蝶科蝴蝶的卵呈炮弹形或宝塔形,长而直立,上端较细,精孔区在顶端;卵的周围有长的纵脊线和短的横脊线,单产或成堆产在寄主植物上。

3. 幼虫

粉蝶科蝴蝶的幼虫呈圆柱形,细长,胸部和腹部的每一节有横皱纹划分为许多环,环上分布有小突起及次生毛;颜色单纯,绿或黄色,有时有黄色或白色纵线。

4. 蛹

粉蝶科蝴蝶的蛹为缢蛹。头部有一尖锐的突出,体的前半段粗,多棱角,后半段瘦削;上唇分3瓣;喙到达翅芽的末端。化蛹地点多在寄主的枝干上,拟似枝丫,有保护色,随化蛹的环境而颜色不同。

5. 寄主

粉蝶科蝴蝶的寄主主要为十字花科(Cruciferae)、豆科(Leguminosae)、山柑科(Capparaceae)、蔷薇科(Rosaceae)植物,有的为蔬菜或果树的重要害虫。

6. 分布

粉蝶科蝴蝶全省广布。

3.3.1 豆粉蝶属 *Colias*

【斑缘豆粉蝶】 *Colias erate* (Esper)

斑缘豆粉蝶翅展达50mm~65mm。雄蝶翅黄色，前翅外缘宽阔的黑色区中有黄色纹，中室端有1枚黑点，后翅外缘的黑纹多相连成列，中室端的圆点在正面为橙黄色，反面为银白色，外有褐色圈。雌蝶翅白色，斑纹同雄蝶。寄主为蝶形花亚科(Papilionoideae)植物。

3.3.2 黄粉蝶属 *Eurema*

【尖角黄粉蝶】 *Eurema laeta*（Boisduval）

尖角黄粉蝶翅展达30mm~40mm。成虫蝶翅的颜色和斑纹因季节与雄雌而有变化。夏型：前翅顶角尖锐度不及秋型；雄蝶翅浓黄色，前翅前缘黑带明显，外缘黑带仅到达Cu_2脉；后翅外缘黑带细，雌蝶翅色较淡而有黑色鳞片散布，外缘黑带止于Cu_1脉，后翅顶角有黑斑，外缘黑带消失仅具脉端点；后翅反面中央有1条暗色直线或消失。秋型：雄雌蝶翅表的颜色、斑纹相同；后翅外缘仅具脉端点；反面黄褐色，有红褐色带纹2条及小点数枚。寄主为豆科的大豆（*Glycine max*）、紫苜蓿（*Medicago sativa*）等植物。

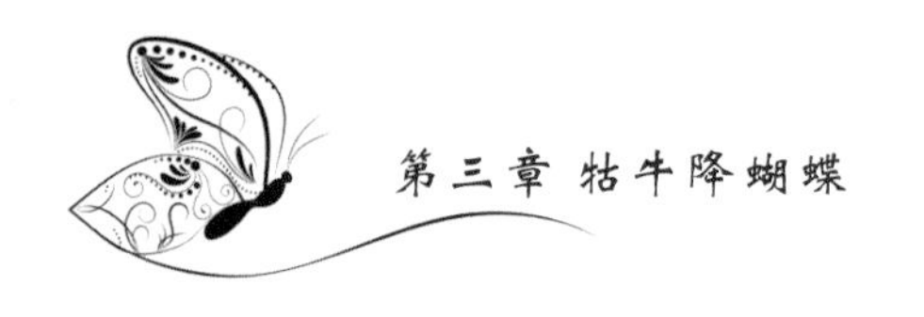

【宽边黄粉蝶】*Eurema hecabe* (Linnaeus)

宽边黄粉蝶翅展达35mm~45mm。成虫头、胸黑色，有灰白鳞毛，翅深黄色到黄白色。前翅外缘有宽黑色带，直到后角，界限清晰，黑色带内侧于M_3脉与Cu_{1b}脉处凹陷，在Cu_{1a}脉处略突出呈齿状，雄蝶色深，中室下脉两侧有长形性斑；后翅外缘黑色带窄且界限模糊，或有脉端斑点。翅反面满布褐色小点，前翅中室内有2枚斑纹；后翅因M_3室外缘略突出呈不规则圆弧形，这是区别同属近缘种的重要特征。寄主为豆科的合欢(*Albizia julibrissin*)等植物。

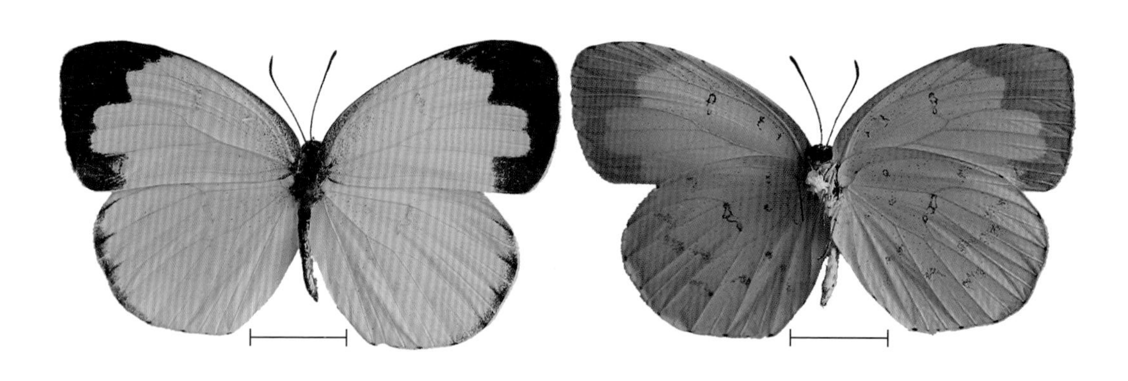

3.3.3 钩粉蝶属 *Gonepteryx*

【尖钩粉蝶】*Gonepteryx mahaguru* Gistel

尖钩粉蝶翅展达64mm~75mm。雄蝶翅淡黄色；雌蝶翅淡绿色或黄白色，前翅顶角呈锐状钩突，雌翅更加明显。前后翅中室内的橙色圆斑小而不太显著。翅反面黄白色，中室端斑暗褐色；后翅有2条~3条脉较粗。寄主为鼠李科（Rhamnaceae）的鼠李（*Rhamnus davurica*）、枣（*Ziziphus jujuba* ）。

【圆翅钩粉蝶】*Gonepteryx amintha* Blanchard

圆翅钩粉蝶翅展达60mm~75mm。雄蝶翅面深柠檬色，后翅淡黄色，R_s脉明显粗大，前、后翅中室的橙红色圆斑大于其他近似种；雌蝶翅面则苍白色。翅反面黄白色，中室端斑淡紫色，后翅Cu_1脉端尖出不明显。寄主为鼠李科的台湾鼠李(*Rhamnus formosana*)、豆科的黄槐决明(*Cassia surattensis*)。

3.3.4 粉蝶属 *Pieris*

【菜粉蝶】 *Pieris rapae*（Linnaeus）

菜粉蝶翅展达35mm~55mm。成虫前翅长三角形；翅面和脉纹白色，翅基部和前翅前缘较暗，顶角区有1枚三角形大黑斑；雌的特别明显，前翅顶角和中央2个斑纹黑色，后翅前缘有1枚黑斑。寄主为十字花科蔬菜。

【东方菜粉蝶】*Pieris canidia*（Sparrman）

东方菜粉蝶翅展达55mm~65mm。成虫前翅面中部外侧的2枚黑斑和后翅前缘中部的1枚黑斑，均较菜粉蝶的大而圆，顶角同外缘的黑斑连接而延伸到Cu_2脉以下，黑斑的内缘呈齿状；后翅外缘脉端有三角形黑斑。翅反面除前翅中部2枚黑斑清晰外，其余的斑均模糊。雌雄同型，雌蝶色彩较浓，翅基的黑晕宽。寄主为十字花科蔬菜，毛茛科（Ranunculaceae）的金莲花（*Trollius chinensis*），旱金莲科（Tropaeolaceae）的旱金莲（*Tropaeolum majus*）。

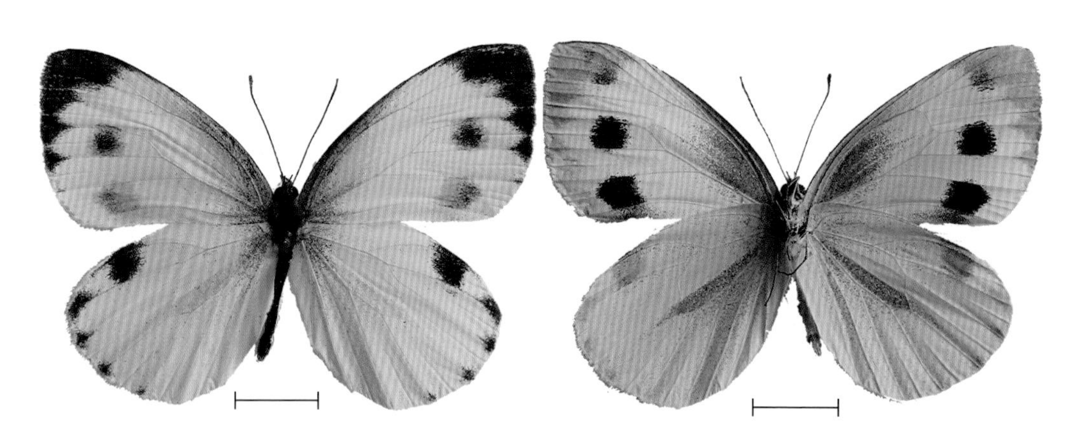

【黑纹粉蝶】*Pieris melete* Ménétriès

黑纹粉蝶翅展达50mm~65mm。成虫雄蝶翅白色，脉纹黑色。前翅脉纹、顶角及后缘均黑色，近外缘的2枚黑斑较大，且下面的1枚黑斑与后缘的黑带相连；后翅前缘外方有1枚黑色圆斑。翅的反面、前翅顶角及后翅具黄色鳞粉，后翅基角处有1枚橙黄色斑点。雌蝶翅基部淡黑褐色，色斑及后边末端条纹扩大，其余同雄蝶。本种有春夏两型：春型较小，翅形稍细长，黑色部分较深；夏型体较大，体色较春型淡而显明。寄主为十字花科植物。

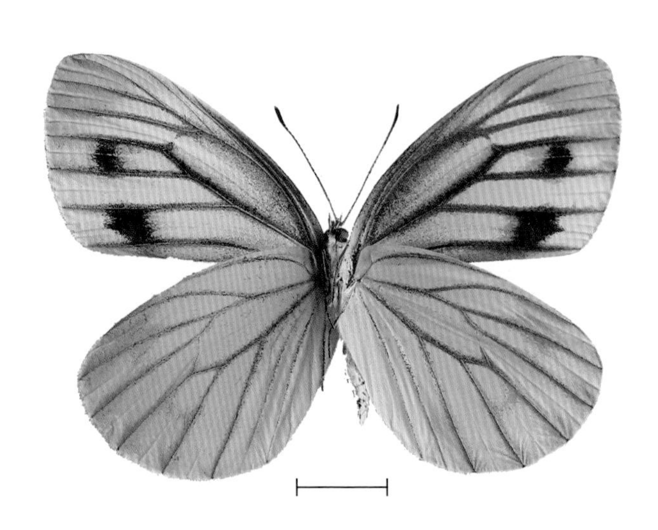

3.3.5 襟粉蝶属 *Anthocharis*

【黄尖襟粉蝶】*Anthocharis scolymus* Butler

黄尖襟粉蝶翅展达40mm~50mm。成虫翅白色,前翅中室端有1枚黑斑,顶角尖出,略呈钩状,有3枚黑点排成三角形,雄蝶在三角中有1枚橙黄色斑(雌蝶无此斑);后翅可透视反面的绿色云状斑。雌蝶后翅反面云状斑呈栗褐色,其端半部呈棕黄色。寄主为十字花科植物。

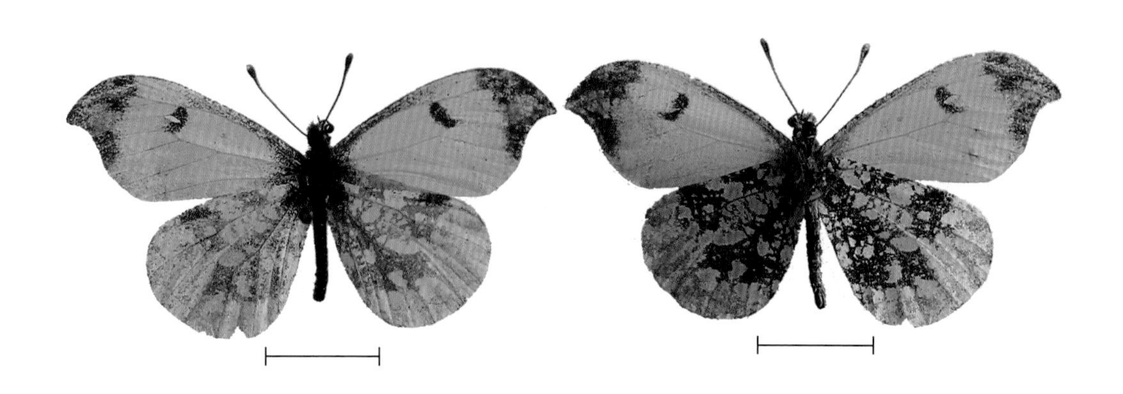

【橙翅襟粉蝶】*Anthocharis bambusarum* Oberthür

橙翅襟粉蝶翅展达45mm~55mm。成虫前翅端部圆，黑色，带较宽，不形成顶角，中室有1枚肾形黑斑。后翅反面有淡绿色云状斑，从正面可以透视。雄蝶前翅全翅面橙红色，雌蝶为白色，中室端斑更加明显。寄主为十字花科植物。

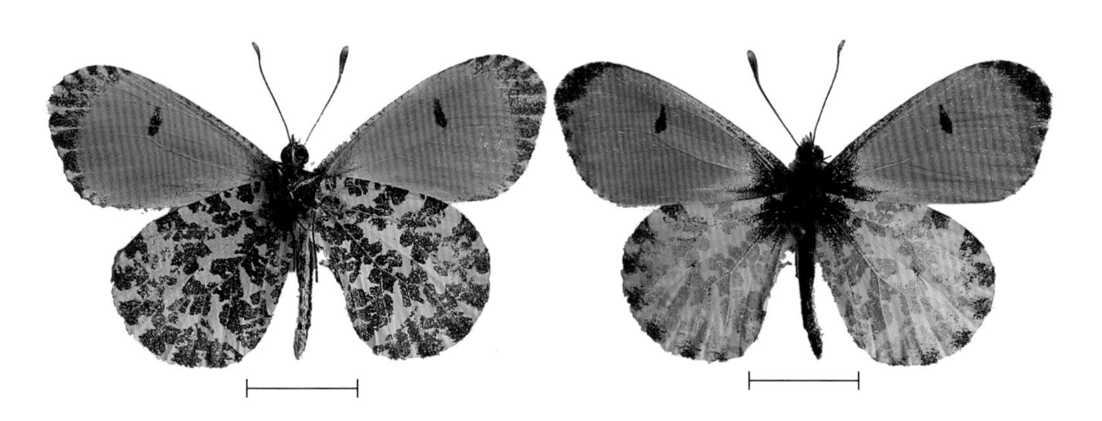

3.4 环蝶科 Amathusiidae

1. **成虫**

环蝶科蝴蝶体型多数为大型或中型，颜色暗而不鲜艳，多为黄、灰、棕、褐或蓝色，翅上有大型的环状纹，外形略似眼蝶。

成虫头小；复眼无毛；触角细长，棒状部细。前足退化，缩于胸下，不适于步行；跗节雄蝶只1节，末端有长毛，雌蝶有5节，无毛；均无爪。翅大而阔；前翅前缘弧形弯曲，中室闭式，R脉4条或5条；后翅中室开式或闭式，臀区大，凹陷，可容纳腹部，A脉2条，无尾突；雄蝶后翅上有发香鳞。

成虫生活在密林、竹丛中，早晚活动；飞翔波浪式，忽上忽下，较易捕捉。

2. **卵**

环蝶科蝴蝶的卵和眼蝶科蝴蝶的卵相似，近圆球形，表面有雕刻纹，常数个产在一起。

3. **幼虫**

环蝶科蝴蝶的幼虫呈圆柱形，头部有2角状突起，体节上有很多横皱纹，被有稀疏的毛；尾节末端有一对尖形突出。

4. **蛹**

环蝶科蝴蝶的蛹为悬蛹；长纺锤形，头部有一对尖突起。

5. **寄主**

环蝶科蝴蝶的寄主为单子叶植物，如棕榈科（Palmae）。

6. **分布**

环蝶科蝴蝶分布于江南各地。

3.4.1 串珠环蝶属*Faunis*

【灰翅串珠环蝶】*Faunis aerope*（Leech）

灰翅串珠环蝶翅展达80mm~85mm。两性翅正面浅灰色，翅脉、顶角和前、外缘色浓；翅反面灰色较深，两翅有棕褐色波状基线，中线和端线各1条，中域有1列大小不等白色圆点；前翅后缘基部有1枚闪光斑，与后翅前缘一毛丛相印；雌蝶反面圆点更明显。寄主为百合科（Liliaceae）的菝葜（*Smilax china*），芭蕉科（Musaceae）的芭蕉（*Musa basjoo*）。

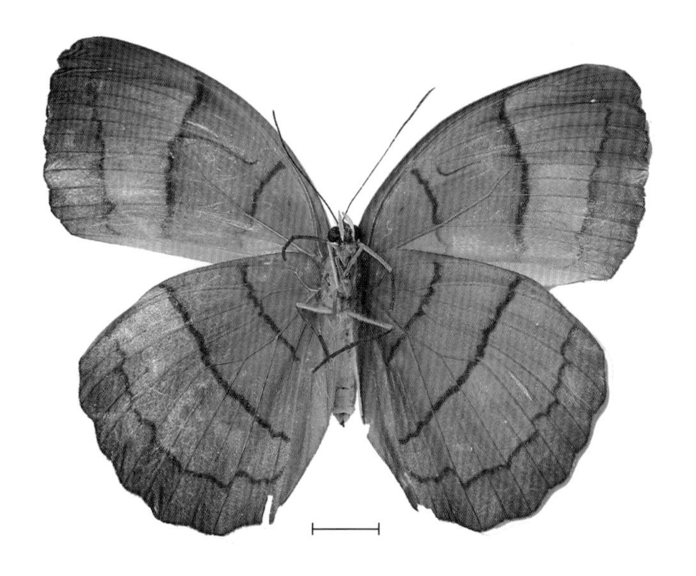

3.4.2 箭环蝶属 *Stichophthalma*

【箭环蝶】*Stichophthalma howqua*（Westwood）

箭环蝶翅展达120mm~130mm。成虫雄雌同型，翅正面浓橙色，前翅顶黑褐色，外缘有1条褐色细线，m_1至cu_2室各有1枚鱼纹斑；后翅鱼纹斑特大而显著。翅反面略带红色，前后翅中央及近基部有2条横波状纹，雌蝶在中横纹外有1条白带。缘室中央各有5枚红褐色眼斑，围有黑边，中心有白瞳点，外缘有2条波状线。寄主为禾本科（Gramineae）竹类植物、油芒（*Eccoilopus cotulifer*），棕榈科的棕榈（*Trachycarpus fortunei*）。

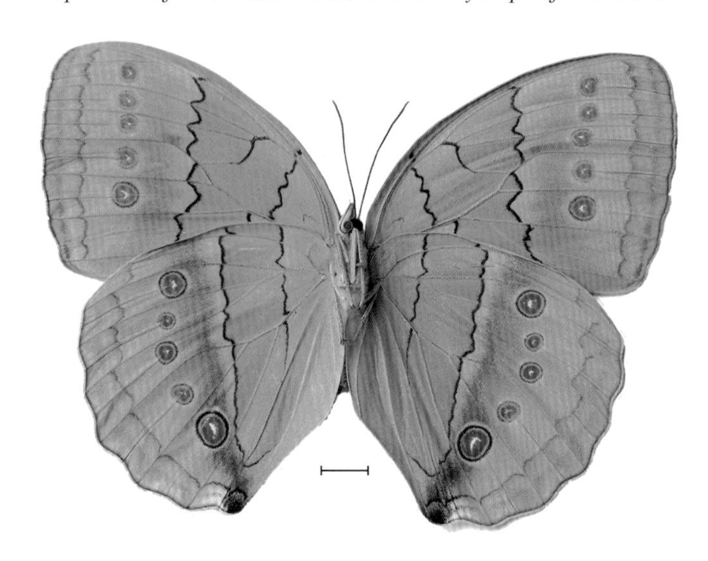

3.5 眼蝶科 Satyridae

1. **成虫**

眼蝶科蝴蝶体型为小型或中型，通常颜色暗而不鲜艳，多为灰褐、黄褐、棕褐或黑褐，少数红色或白色，翅上有较醒目的眼状斑或圆纹，少数没有或不明显。

成虫头小；复眼周围有长毛，下唇须直长，侧扁，而有密毛；触角端部明显锤状。前足退化，毛刷状，缩在胸部下不能步行，雄蝶跗节只剩1节，被有鳞毛，雌蝶1节以上，但不超过5节，无爪。翅短而阔，外缘扇状，或齿出，或后翅有尾突；前翅有几条脉纹基部加强，或在基部膨大；R脉5条，A脉1条。后翅A脉2条；外缘圆或波状，有肩脉。前后翅中室闭式，偶或端脉中部弱或中断。

雄蝶通常有第二性征：前翅正面近A脉基部有腺褶及后翅正面亚前缘区的特殊鳞斑，斑上有倒逆的毛撮。

成虫飞翔力强或弱，飞翔形式波浪形，多在林荫、竹丛中早晚活动；多分布在高山区，有少数种类在开阔地区活动；南方种类有的颜色较鲜艳，少数无眼状斑，拟似粉蝶或斑蝶；有季节性的变异，旱季翅反面呈保护色，眼纹退化，拟似枯叶；有的取食树汁，加害果实，吸食动物粪便或尸体。

2. **卵**

眼蝶科蝴蝶的卵近圆球形或半圆球形，表面有多角形的雕纹，有的呈粗的纵脊及细的横脊，散产在寄主植物上。

3. **幼虫**

眼蝶科蝴蝶的幼虫身体呈纺锤形，即两端较尖削，而中节较粗；每一节上有横皱纹，多有毛。头比前胸大，常二叉或延伸成二角状突起；第三单眼特别大；上唇刻入很深。腹足趾钩中列式，1序~3序。肛节有成对的向后突出。体表绿色或黄色，有纵条纹。

4. **蛹**

眼蝶科蝴蝶的蛹为悬蛹。体纺锤形，光滑，只头上有2个弱的突起，臀棘柱状。多挂在植物枝叶上，少数作茧，在土中化蛹。

5. **寄主**

眼蝶科蝴蝶多数取食禾本科植物，有的是水稻（*Oryza sativa*）的重要害虫，少数属食羊齿类植物。

6. **分布**

眼蝶科蝴蝶全省广布。

3.5.1 黛眼蝶属*Lethe*

【曲纹黛眼蝶】*Lethe chandica* Moore

曲纹黛眼蝶翅展达65mm~75mm。成虫雄蝶翅正面棕黑色，基半部色浓，端半部色淡；后翅亚外缘黑色斑列隐约可见。翅反面棕褐色，亚外缘有6个眼状纹；内中线为1条微曲的条纹；从前翅中室中域直至后翅臀缘有1条强度波曲的条纹；后翅眼状纹明显，顶端的1个中心有1枚小白点，其余的眼状纹内有2枚~3枚小白点。雌蝶翅面棕褐色，中室外侧有1枚长形白斑，与m_3室的白斑相连接，cu_1室的三角形白斑独立，前后翅的眼状纹较明显；翅反面色彩斑纹类似雄蝶。寄主为禾本科的箬竹(*Indocalamus tessellatus*)、刚莠竹(*Microstegium ciliatum*)。

【连纹黛眼蝶】*Lethe syrcis*（Hewitson）

连纹黛眼蝶翅展达52mm~62mm。成虫翅褐黄色；前翅近外缘有淡色宽带；后翅有4枚圆形黑斑，围有暗黄色圈；前翅反面外缘、中部和近基部有3条黄褐色横带纹。后翅有6枚黑色眼状斑，以cu_1、m_1室2枚最大，翅中部有“U”字形黄褐色条纹，外侧条纹中部向外呈尖角状突出。寄主为禾本科的刚莠竹。

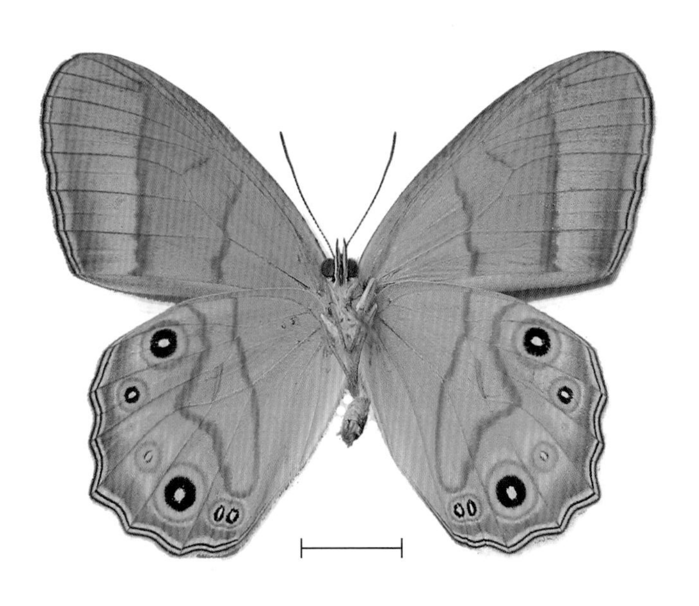

【苔娜黛眼蝶】*Lethe diana*（Butler）

苔娜黛眼蝶翅展达46mm~56mm。成虫翅黑褐色，雌蝶色淡。前翅端部色较淡，无斑纹；后翅近臀角有1枚不明显的眼状斑。雄前翅后缘中段有1列黑色长毛；后翅臀角有1条不明显的眼状纹。前翅反面近端部有3条眼状纹，最后1条明显较小，且与前2条分离；外横线终止于2A，不到达臀角。后翅反面外横褐线的中部向外突出，并形成爪状；亚缘有6条黑色眼状纹，中心白色，围有黄色和紫色环，第一与第五个很大，前后翅外缘均有褐色与紫蓝色波状线。

【**蛇神黛眼蝶**】*Lethe satyrina* Butler

蛇神黛眼蝶翅展达48mm~58mm。成虫翅茶褐色，前翅前缘拱凸，外缘浑圆，端部淡色区甚小；后翅臀角处隐见眼斑1枚。翅反面黄褐色，前翅近顶角处有2枚叠连的眼斑，后翅亚缘有6枚眼斑列，中域有2条淡紫色线，外侧1条曲折。寄主为禾本科竹类植物。

3.5.2 荫眼蝶属 *Neope*

【布莱荫眼蝶】*Neope bremeri*（Felder）

布莱荫眼蝶翅展达55mm~63mm。成虫前后翅翅面棕褐色，亚缘处有浅色眼状斑，该斑的两端有浅黄色斑。前翅反面亚缘有4枚眼状圆斑，中间有灰白色小点，中室内有波状纹；后翅反面亚缘有8枚眼状斑，中间有灰白色小点，中域中部有1枚纵向大黑斑，基半部至后缘有2条波状纹，基部有3枚小斑。寄主为禾本科的芒（*Miscanthus sinensis*）及竹类植物。

【蒙链荫眼蝶】*Neope muirheadii*（Felder）

蒙链荫眼蝶翅展达65mm~75mm。成虫翅面黑褐色，前后翅各有4枚黑斑，雌蝶翅上大而明显，雄蝶翅上不明显。翅反面，从前翅1/3处直到后翅臀角有1条棕色和白色并行的横带。前翅中室内有2枚弯曲棕色条斑和4枚链状的圆斑，亚外缘有4枚眼状斑，m_2室的小。后翅基部有3个小圆环，亚外缘有7枚眼状斑，臀角处2个相连。寄主为禾本科的水稻、刚莠竹。

3.5.3 丽眼蝶属 *Mandarinia*

【蓝斑丽眼蝶】*Mandarinia regalis* (Leech)

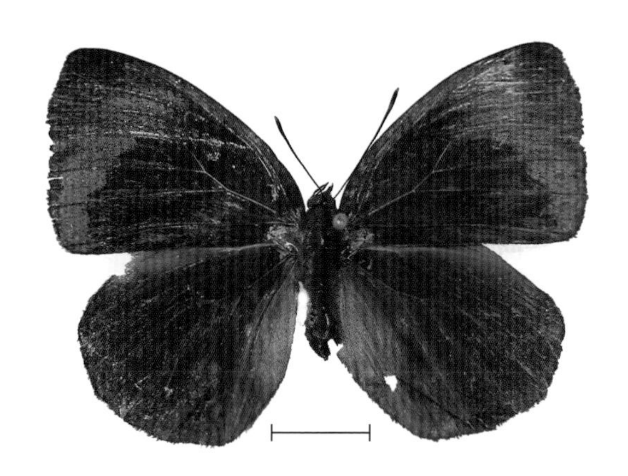

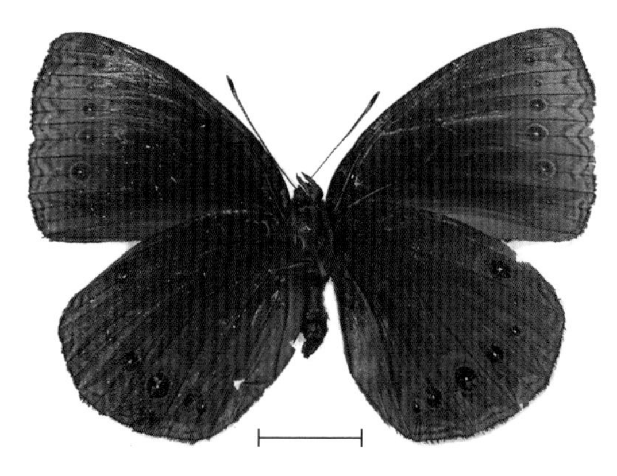

蓝斑丽眼蝶翅展达46mm~53mm。成虫翅正面褐色，前翅从前缘2/3处到臀角，有蓝色斜带。雄蝶斜带宽而直，雌蝶斜带窄呈弧形，后翅中室有黑褐色长毛状性标。前翅反面亚外缘有2条波纹状细线，线内侧有5枚黑色眼状斑。后翅反面波纹状细线似前翅，亚外缘有6枚黑色眼状斑，外围有黄环。雌蝶蓝色。寄主为天南星科（Araceae）的石菖蒲（*Acorus tatarinowii*）。

3.5.4 眉眼蝶属 *Mycalesis*

【小眉眼蝶】*Mycalesis mineus*（Linnaeus）

小眉眼蝶翅展达 40mm~45mm。小眉眼蝶有春、夏型之分，春型翅反面斑纹消失，仅留少数小点；夏型黑色眼状斑清晰。夏型雌蝶翅面黑褐色，前、后翅 2 条外缘线清晰，前翅有 1 枚眼状斑。翅反面 2 条外缘线清晰，前翅有 2 枚眼状斑，后翅有大小不等的 7 枚眼状斑，中横线黄色。雄蝶前翅反面 2A 脉上性斑宽大，色较深，而后翅面性斑细长，具黄色长毛束。寄主为禾本科的刚莠竹、李氏禾（*Leersia hexandra*）。

【稻眉眼蝶】*Mycalesis gotama* Moore

稻眉眼蝶翅展达41mm~52mm。成虫翅褐色。前翅正面亚外缘有2枚黑色眼斑，上小下大；前翅反面小眼斑上下各有相连的1枚更小眼斑；中线灰白色，自前缘直达后翅后缘。后翅反面亚外缘有6枚~7枚黑色眼斑，其中cu_1室的眼斑最大。夏型斑纹多而清晰，春型有些斑纹不明显或消失。雄蝶后翅表面中室基部近前缘有1簇黄白色长毛。寄主为禾本科的水稻、甘蔗(*Saccharum officinarum*)、竹类等植物。

【**拟稻眉眼蝶**】*Mycalesis francisca*（Stoll）

拟稻眉眼蝶翅展达41mm~52mm。拟稻眉眼蝶与稻眉眼蝶相似，但雄蝶前翅后缘中部有1个黑色性标，后翅前缘近基部的性标为白色长毛束，翅反面中部的横带为淡紫色，甚易区别。寄主植物为禾本科的水稻、芒等。

3.5.5 斑眼蝶属*Penthema*

【白斑眼蝶】*Penthema adelma*（Felder）

白斑眼蝶翅展达80mm~85mm，为大型眼蝶。成虫翅黑色；前翅正面亚外缘有2列小白点，内侧1列稍大；前缘中部斜向后角有1列大白斑，后3个最大，中室端也有1个大白斑。后翅正面亚外缘有1列白斑。寄主为禾本科的竹类植物。

3.5.6 矍眼蝶属 *Ypthima*

【矍眼蝶】*Ypthima balda*（Fabricius）

矍眼蝶翅展达33mm~45mm。成虫前翅正面中室端外侧有1枚黑色眼斑，中心有2枚蓝白色瞳点。后翅正面亚外缘 m_3 和 cu_1 室各有1枚黑色眼斑，中心有1个蓝白色瞳点。后翅反面亚外缘有6条黑色眼状纹，其中 cu_2 室有2枚眼斑相连，前后翅反面密布棕褐色网纹。低温型后翅反面眼纹小，有的消失。寄主为禾本科的刚莠竹、金丝草（*Pogonatherum crinitum*）、结缕草（*Zoysia japonica*）。

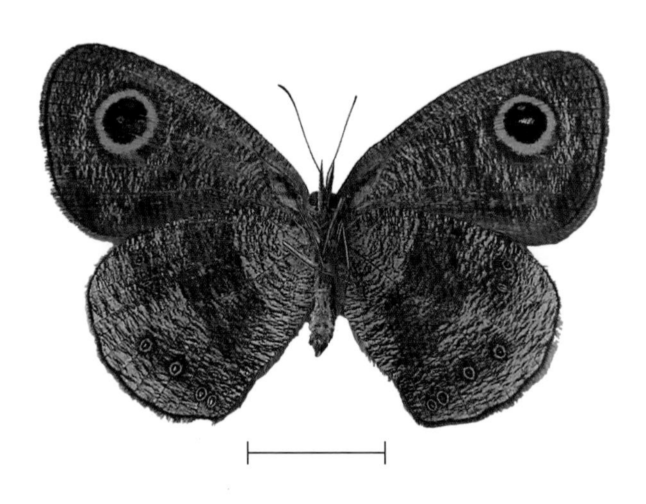

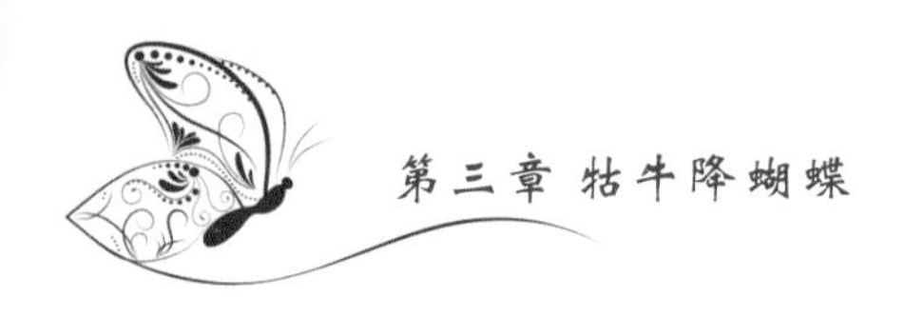

【大波矍眼蝶】*Ypthima tappana* Matsumura

大波矍眼蝶翅展达42mm~49mm。成虫翅暗褐色。前翅端部有1枚大黑色眼斑,后翅可见3枚眼斑,前2枚相连,近臀角1枚极小。翅反面色淡,前翅的眼状斑因黄环宽大而特别醒目;后翅有4条眼状纹,大小近等,其中近前缘处1条,后部3条,臀角处的1条与前2条稍分离,其端部斜向臀角。

【密纹矍眼蝶】*Ypthima multistriata* Butler

密纹矍眼蝶翅展达40mm~50mm。成虫翅黑褐色。前翅近顶角有1枚不清晰眼斑，有时完全消失；后翅 cu_1 室有1枚小的眼斑。翅反面色浅、密布白色波纹；前翅反面近顶角眼斑具2枚青色瞳点；后翅反面3枚眼斑，cu_2 室1枚最小，具2枚青色点。雄蝶前翅中部有暗黑色香鳞斑。

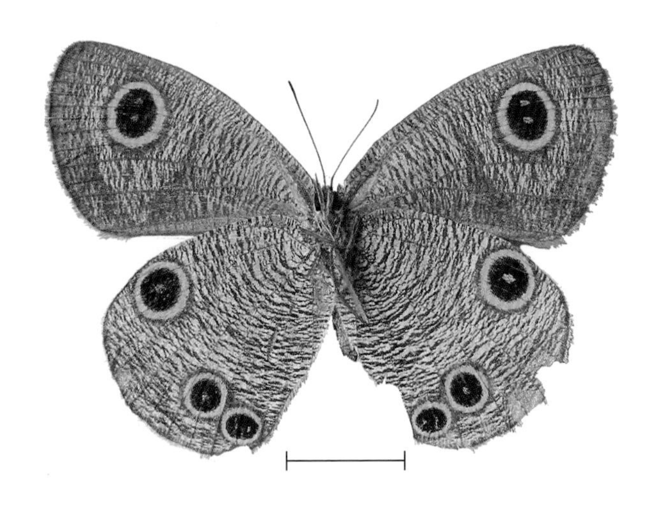

3.6 蛱蝶科 Nymphalidae

1. **成虫**

蛱蝶科为蝶类中最大的科，包括很多中型或大型的蝴蝶，少数为小型美丽的蝴蝶，翅形和色斑的变化大，少数种类有性二型，有的呈现季节型，极少数种模拟斑蝶。

成虫复眼裸出或有毛，下唇须粗；触角长，上有鳞片，端部呈明显的锤。前足退化，缩在胸部下没有作用；跗节雌蝶4节~5节，有时略膨大，雄蝶1节，均无爪。前翅中室多为闭式，R脉5条，基部多在中室顶角外合并，A脉1条；后翅中室通常开式，A脉2条。

成虫喜在日光下活动，飞翔迅速，行动活泼，有的在休息时翅不停地扇动，有的飞翔力强，常在叶上将翅展开，多数种类在低地可见。

2. **卵**

蛱蝶科蝴蝶的卵呈多种形状，如半圆球形、馒头形、香瓜形或钵形，多数有明显的纵脊，或有横脊，有的呈多角形雕纹，散产或成堆。

3. **幼虫**

蛱蝶科蝴蝶的幼虫头上常有突起，有时突起大，呈角状；体节上有棘刺。腹足趾钩中列式，1序~3序。

4. **蛹**

蛱蝶科蝴蝶的蛹为悬蛹；颜色变化很大，有时有金色或银色的斑点；头常分叉，体背有不同的突起；上唇3瓣，喙不超过翅芽的末端。

5. **寄主**

蛱蝶科蝴蝶的寄主多为堇菜科（Violaceae）、忍冬科（Caprifoliaceae）、杨柳科（Salicaceae）、桑科（Moraceae）、榆科（Ulmaceae）、爵床科（Acanthaceae）等的植物，主要为害林木和各种经济植物。

6. **分布**

蛱蝶科蝴蝶全省广布。

3.6.1 尾蛱蝶属 *Polyura*

【二尾蛱蝶】*Polyura narcaea*（Hewitson）

二尾蛱蝶翅展达 67mm~73mm。成虫翅绿色，前翅前缘有 1 条黑色宽带，外缘与亚缘 2 条黑色宽带平行，其间为淡绿色斑列，中室端脉和 M_3 脉的中段有黑色棒状纹，中室及翅基部为黑色，后翅外缘与亚缘带黑色，其间为淡绿色带，自翅基前缘斜向臀角有 1 条黑色横带，Cu_2 和 M_3 脉端各有 1 个尾突，边黑色内蓝色。反面青白色，图案同正面，各条纹的颜色为红褐色，两侧镶有银色边，后翅沿外缘另有 1 列小黑点。寄主为含羞草科（Mimosaceae）的山槐（*Albizia kalkora*）；榆科的山黄麻（*Trema tomentosa*）、朴树（*Celtis sinensis*）；蔷薇科的腺叶桂樱（*Laurocerasus phaeosticta*）；豆科的亮叶猴耳环（*Pithecellobium iucidum*）、黄檀（*Dalbergia hupeana*）。

3.6.2 螯蛱蝶属 *Charaxes*

【白带螯蛱蝶】*Charaxes bernardus* (Fabricius)

白带螯蛱蝶翅展达73mm~76mm。成虫翅正面红棕色或黄褐色,反面棕褐色。雄蝶前翅有很宽的黑色外缘带,中区有白色横带。后翅亚外缘有黑带,自前缘向后逐渐变窄,M_3脉突出成齿状。反面前翅中室内有3条短黑线,后翅在1列小白点的外侧有小黑点,斑纹同正面,但颜色浅。雌蝶前翅正面白色宽带伸到近前缘,外侧多1列白色点;后翅中域前半部分也有白色宽带,黑色宽带内有白点列,M_3脉突出成棒状。翅反面中线内侧有许多细黑线。本种色彩及斑纹多变化,尤其是雌蝶。寄主为樟科的樟(*Cinnamomum camphora*)、阴香(*Cinnamomum burmanni*)、潺槁木姜子(*Litsea glutinosa*)。

3.6.3 闪蛱蝶属 *Apatura*

【柳紫闪蛱蝶】*Apatura ilia*（Denis et Schiffermüller）

柳紫闪蛱蝶翅展达50mm~55mm。成虫翅面暗黄褐色或黑褐色，雄性具强烈紫色闪光。前翅中室有4枚成方形排列的小黑斑，中室与顶角间有2条斜列白色或浅黄色斑带，均由3枚斑组成，中室后方有3枚白斑，cu_1室内有1枚具黄褐色环的黑圆斑。后翅中带浅黄或白色，后端仅达Cu_2脉，外侧直；基部黑褐色，端部黄褐色，缘带黑褐色，亚缘带有7枚互不连接且外侧饰红褐色的黑斑组成，内侧cu_1室内有1枚具红褐色环的黑斑。前翅反面淡黄褐色，横带内侧黑褐色，cu_1室黑斑外侧灰白色，其他斑纹与正面相同。后翅基部青黄色，端部黄褐色。cu_1室圆斑暗黑色，臀角赭褐色，其他斑纹不明显。寄主为杨柳科的毛白杨（*Populus tomentosa*）、山杨（*Populus davidiana*）、垂柳（*Salix babylonica*）。

3.6.4 迷蛱蝶属 *Mimathyma*

【迷蛱蝶】*Mimathyma chevana*（Moore）

迷蛱蝶翅展达65mm~72mm。成虫翅黑色，前翅中室内有1条长箭状白纹，顶角有2枚小白斑，中室端外有7枚白斑，排成弧形。后翅有亚外缘和中横白带。翅反面上半部分银白色，外缘带和中横斜带上半部为棕色，其下半部除白斑外为黑色区；后翅银白色，除白色外缘带和中横带外，有红褐色外横带及外缘带，两带在上下两端相连。

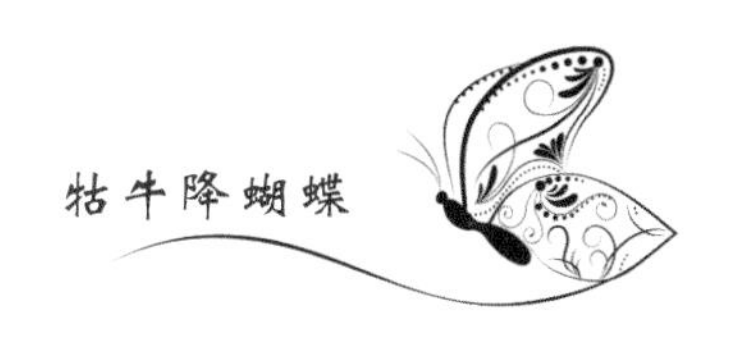

3.6.5 猫蛱蝶属 *Timelaea*

【猫蛱蝶】*Timelaea maculata*（Bremer et Gray）

猫蛱蝶翅展达40mm~45mm。成虫翅橘黄色，密布黑色斑纹。本种前翅中室内共有6枚黑斑；基部1枚斜形，中室内2枚，上方3枚；后缘和2a室基半部各有1条长黑纹；后翅臀域有3枚黑色斑。寄主为榆科的朴树。

【白裳猫蛱蝶】*Timelaea albescens*（Oberthür）

白裳猫蛱蝶翅展达40mm~50mm。本种与猫蛱蝶的主要区别是前翅正面中室内只有4枚黑斑,基部无三角形小斑;2a室基生黑条很短;后翅从中横斑列内侧至翅基部白色,臀域无黑斑,只透见反面的黑包条纹。寄主为榆科的紫弹树(*Celtis biondii*)。

3.6.6 帅蛱蝶属 *Sephisa*

【黄帅蛱蝶】*Sephisa princeps*（Fixsen）

黄帅蛱蝶翅展达70mm~75mm。成虫雄蝶翅面黑色，所有条斑均呈橙黄色，无白色条斑；前翅中室内有2枚橙黄色斑；前翅中域cu_1室斑眼状；亚外缘有1列形状不规则的橙黄色斑；后翅中域至基部有宽阔的橙黄色斑列，亚外缘有1列整齐的黄斑。前翅反面淡黄，顶角斑纹为白色，后翅中室内有4枚圆形黑斑，从正面也隐约可见；基部、顶角近后缘的斑纹白色。雌蝶条斑的排列图案同雄蝶，但除前翅中室

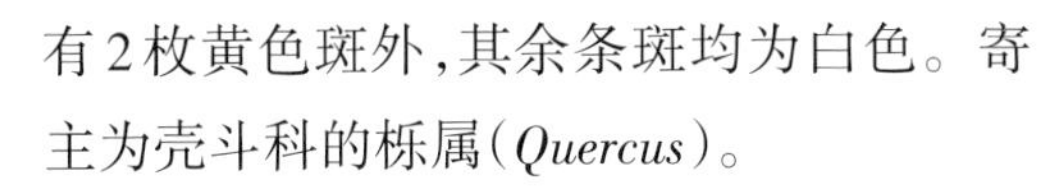

有2枚黄色斑外，其余条斑均为白色。寄主为壳斗科的栎属（*Quercus*）。

3.6.7 白蛱蝶属 *Helcyra*

【银白蛱蝶】*Helcyra subalba*（Poujade）

银白蛱蝶翅展达65mm~70mm。成虫体翅背面茶褐色，前翅中室横脉内有一个近长方形深褐色区，在其上下方各有2枚白斑；后翅近前缘中部亦有2枚小白斑。反面除和正面相同的白斑外，前翅后缘近后角处有1条淡褐色斑纹，足、胸、腹、翅皆银白色。寄主为榆科的朴树。

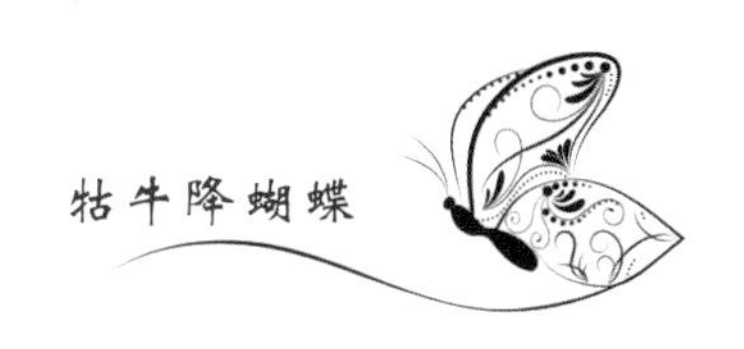

【傲白蛱蝶】*Helcyra superba* Leech

傲白蛱蝶翅展达73mm~78mm。成虫翅白色，前翅自前缘1/2处斜向臀角处为黑色，其中顶角附近有2枚白斑，中室端部有1枚小黑斑；后翅外缘有1条锯齿状的黑纹，中域有不规则的黑色斑列。翅反面银白色，后翅亚缘各室有1列眼状小斑。寄主榆科的珊瑚朴(*Celtis julianae*)、朴树。

3.6.8 脉蛱蝶属 *Hestina*

【黑脉蛱蝶】*Hestina assimilis*（Linnaeus）

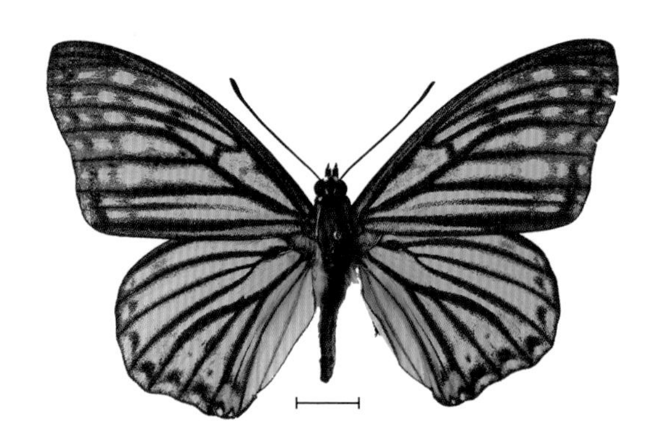

黑脉蛱蝶翅展达63mm~95mm。翅正面淡蓝绿色，脉纹黑色，前翅有多条横黑纹，留出淡蓝绿的底色酷似斑纹；后翅亚外缘后半部有4枚~5枚红色斑，斑内有黑点。寄主为榆科的朴树、四蕊朴（*Celtis tetrandra*）、黑弹树（*Celtis bungeana*）。

3.6.9 紫蛱蝶属 *Sasakia*

【大紫蛱蝶】*Sasakia charonda*（Hewitson）

大紫蛱蝶翅展达85mm~120mm。雄蝶前翅正面基半部具紫蓝色光泽，中室端有1枚哑铃状白斑，中室外下方有2枚白斑，2a区有1条纵白带；端半部黑褐色，亚外缘有1列淡黄斑，亚顶端有2枚白斑，中域有5枚斜横排列的淡黄斑。后翅基部中域紫蓝色，中室端有2枚大白斑，亚外缘有1列黄斑，中域有淡黄色斑弧形排列，臀角有2枚半月形相连的红斑。翅反面斑纹同正面，但无紫蓝色区。雌蝶较大，翅面黑褐色，无紫蓝色光泽。寄主为榆科的朴树、紫弹树、西川朴（*Celtis vandervoetiana*）。

3.6.8 饰蛱蝶属 *Stibochiona*

【素饰蛱蝶】*Stibochiona nicea*（Gray）

素饰蛱蝶翅展达 50mm~55mm。成虫翅面黑色，反面棕褐色。前翅外缘有 1 列整齐的小白斑，其中 2a 室有 2 枚，亚外缘有 1 列小白点，上述 2 列白点间有 1 条蓝色线。中室内有 3 条蓝白色短线，中室外侧也有数个小白点。后翅外缘有 1 列白斑，白斑内侧有 1 列黑点和蓝色带。反面斑点同正面，且更清晰。寄主为荨麻科（Urticaceae）的粗齿冷水花（*Pilea sinofasciata*）。

3.6.9 电蛱蝶属 *Dichorragia*

【电蛱蝶】*Dichorragia nesimachus*（Boisduval）

电蛱蝶翅展达65mm~73mm。成虫翅黑蓝色，雄蝶有闪光，前翅亚缘各室有白色电光纹，中室内有2枚白紫斑，中域各室有白色斑点（前面4个长形）；后翅亚缘有5枚黑色圆斑，外侧的电光纹短小；反面斑纹同正面。寄主为清风藤科（Sabiaceae）的腺毛泡花树（*Meliosma glandulosa*）。

3.6.10 豹蛱蝶属 *Argynnis*

【绿豹蛱蝶】*Argynnis paphia*（Linnaeus）

绿豹蛱蝶翅展达73mm~84mm。雌雄异型，雄蝶翅橙黄色，雌蝶暗灰色至灰橙色，黑斑较雄蝶发达。雄蝶前翅有4条粗长的黑褐色性标，分布在M_3、Cu_1、Cu_2、2A脉上，中室内有4条短纹，翅端部有3列黑色圆斑，后翅基部灰色，有1条不规则波状中横线及3列圆斑。反面前翅顶端部灰绿色，有波状中横线及3列圆斑，黑斑比正面大；后翅灰绿色，有金属光泽，无黑斑，亚缘有白色线及眼状纹，中部至基部有3条白色斜带。寄主为堇菜科的紫花地丁（*Viola philippica*）、长萼堇菜（*Viola inconspicua*），莎草科（Cyperaceae）的风车草（*Cyperus alternifolius*），蔷薇科的粗叶悬钩子（*Rubus alceaefolius*）。

3.6.11 斐豹蛱蝶属 *Argyreus*

【斐豹蛱蝶】*Argyreus hyperbius* (Linnaeus)

斐豹蛱蝶翅展达70mm~85mm。雌雄异型,雄蝶翅橙黄色,后翅外缘黑色具蓝白色细弧纹,翅面有黑色圆点;雌蝶前翅端半部紫黑色,其中有1条白色斜带。反面斑纹和颜色与正面有很大差异,前翅顶角暗绿色有小白斑;后翅斑纹暗绿色,亚外缘内侧有5枚银白色小点,围有绿色环,中区斑列的内侧或外侧具黑线,此斑列内侧的1列斑多近方形,基部有3枚围有黑边的圆斑,中室1个内有白点,另有数个不规则纹。寄主为堇菜科的紫花地丁、白花

地丁(*Viola patrinii*)、长萼堇菜、戟叶堇菜(*Viola betonicifolia*)、七星莲(*Viola diffusa*)、香堇菜(*Viola odorata*)、三色堇(*Viola tricolor*)、堇菜(*Viola verecunda*)以及玄参科(Scrophulariaceae)的金鱼草(*Antirrhinum majus*)。

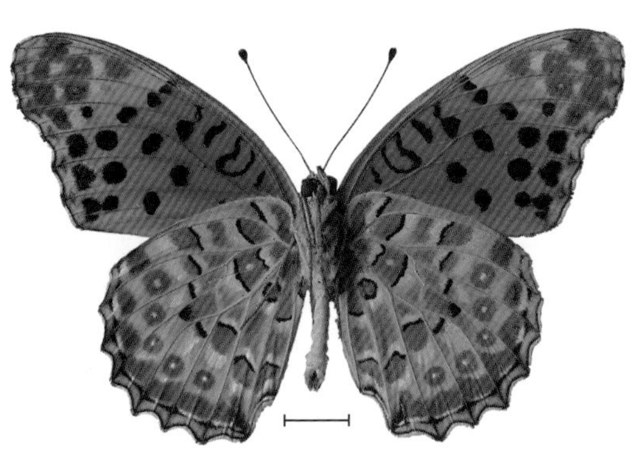

3.6.12 云豹蛱蝶属 *Nephargynnis*

【云豹蛱蝶】*Nephargynnis anadyomene*（Felder et Felder）

云豹蛱蝶翅展达75mm~84mm。成虫翅橙黄色，除两翅基部外满布黑色圆斑，外缘脉端的斑菱形。雄蝶前翅Cu_2脉上有1条黑褐色性标。翅反面色淡，前翅中室内有3条黑色纹，中室外有2大1小黑斑，中室后有5枚黑斑；后翅无黑斑；端半部淡绿色，有灰白色云状纹，中部4枚暗色斑中有白色小点。寄主为堇菜科植物。

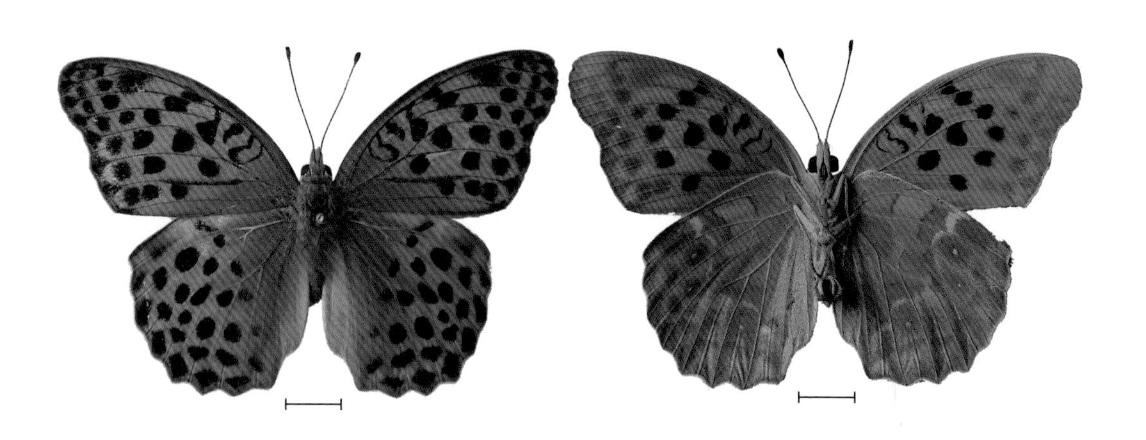

3.6.13 青豹蛱蝶属 *Damora*

【青豹蛱蝶】*Damora sagana*（Doubleday）

青豹蛱蝶翅展达80mm~95mm。雌雄异型，雄蝶翅橙黄色，前翅 Cu_1、Cu_2、2A 脉上各有1个黑色性标，前缘中室外侧有1个近三角形橙色无斑区，后翅中央"<"形黑纹外侧，也有1条较宽的橙色无斑区；雌蝶翅青黑色，中室内外各有1枚长方形大白斑，后翅沿外缘有1列三角形白斑，中部有1条白宽带。雄蝶前翅反面淡黄色，后翅亚外缘2列暗褐色斑均为圆形，中央2条细线纹在中室下脉处合为1条。雌蝶前翅反面顶角绿褐色，斑纹与正面近同；后翅缘褐色，亚外缘有1列三角形白斑，内侧有5枚小白点，围有暗褐色环，中部有1条在中段以后内弯的白色宽横带，其内侧1条白色细线下端在中室后脉处与宽带相连。寄主为堇菜科的心叶堇菜（*Viola concordifolia*）。

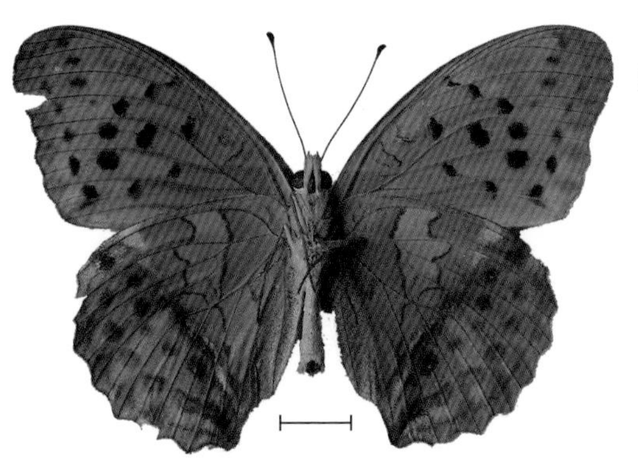

3.6.14 翠蛱蝶属 *Euthalia*

【珀翠蛱蝶】*Euthalia pratti* Leech

珀翠蛱蝶翅展达68mm~80mm。成虫两翅淡黄绿色，前翅 m_3 室的白斑小而移位，和前面3枚斑不形成一条直带，在2a室没有白斑；前翅反面中室端肾纹边缘粗黑。后翅正面亚顶端有2枚白色色斑，反面亚外缘黑色带模糊中域白色带自前缘到 Cu_2 脉上宽下窄。寄主为壳斗科植物。

【黄翅翠蛱蝶】*Euthalia kosempona* Fruhstorfer

黄翅翠蛱蝶翅展达70mm~82mm。雌雄异型。雄蝶翅面棕褐色，斑纹橙黄色；前翅亚顶端部有3枚小斑，中带斑不在一条直线上，在m_3和cu_1室的2枚斑外移；中室黄色，有2枚黑色肾形斑；2a室基部有“8”字形斑纹；后翅中带完整；翅反面棕黄色，前翅亚外缘黑斑列明显且宽，在后翅模糊。雌蝶正面斑纹白色，后翅中带退化，仅有2枚~3枚小白斑；翅反面cu_2和2a室黑斑清晰，后翅中带有5枚~6枚小淡黄色斑。寄主为壳斗科植物。

【雅翠蛱蝶】*Euthalia yasuyukii* Yoshino

雅翠蛱蝶翅正面棕绿色，前翅中室内有2条黑线，中室端部有1枚黑线围成的肾形斑，亚顶区r_3室和r_5室各有1枚米黄色小斑，cu_2室基部有1枚不明显的黑色线圈；后翅中室端有1枚黑线围成的小斑。前后翅中带为1列米黄色斑，其中前翅各斑接触长度较短，后翅各斑则接触充分，仅以翅脉分割，外中区有1条深褐色阴影带，翅外缘深褐色。翅反面底色为浅灰绿色，斑纹与正面相似，但后翅基部有数枚黑线围成的不规则斑。本种雄性外生殖器抱器瓣末端成180°扭曲，因此易于同近似种区分。

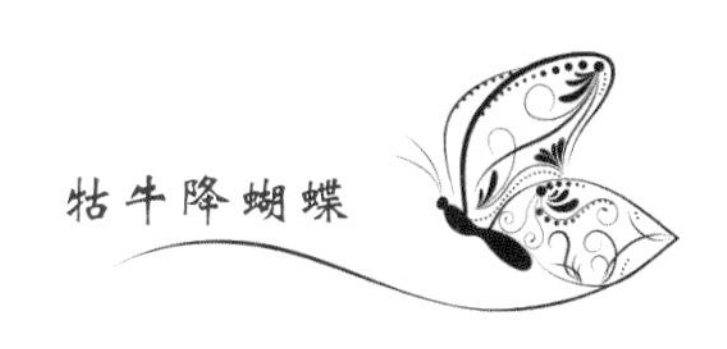

3.6.15 线蛱蝶属 *Limenitis*

【折线蛱蝶】*Limenitis sydyi* Lederer

折线蛱蝶翅展达55mm~60mm。成虫翅正面黑褐色，前翅中室沿径脉有1条白色细条纹，中室内近端有1条与Cu_1脉平行的横纹，中横白斑列斜向臀角，但cu_2及2a室2枚斑内移，后翅中带前端弯曲，rs室的白斑突出。反面外缘线细带状明显，后翅中带与外缘线间有2列黑点，其中外侧的点列伴有宽的白带。雄蝶正面的白色条斑常围有蓝紫色。寄主为蔷薇科的三裂绣线菊（*Spiraea trilobata*）、土庄绣线菊（*Spiraea pubescens*）。

【扬眉线蛱蝶】*Limenitis helmanni* Lederer

扬眉线蛱蝶翅展达40mm~45mm。成虫翅黑褐色，前翅中室内有1条纵的眉状白斑，斑近端部中断，端部一段向前尖出；中横白斑列在前翅弧形弯曲，在后翅带状，边缘不齐；前后翅的亚缘线在雄蝶翅上不明显。翅反面红褐色，后翅基部及臀区蓝灰色，翅面除白斑外各翅室有黑色斑或点，外缘线及亚缘线清晰。寄主为忍冬科的金银忍冬（*Lonicera maackii*）、半边月（*Weigela japonica*）

【断眉线蛱蝶】*Limenitis doerriesi* Staudinger

断眉线蛱蝶翅展达40mm~45mm。成虫翅黑褐色。前翅中室内有1条白色眉状纵斑，其端部1/3处中断且尖出；中带白斑列弧形弯曲，m_3室斑特别小，但cu_1室的斑特别大；后翅的中带白斑略呈"S"形弯曲；前后翅的亚外缘线为间断的细白线，有时不清晰。翅反面红褐色，前翅后半部黑褐色；后翅近基部白色，有若干黑色斑点，基部及后缘灰白色，臀角有一对黑圆斑；其余斑纹同正面，但更大、更清楚。寄主为忍冬科的忍冬（*Lonicera japonica*）、长花忍冬（*Lonicera longiflora*）、大花忍冬（*Lonicera macrantha*）。

【残锷线蛱蝶】*Limenitis sulpitia*（Cramer）

残锷线蛱蝶翅展达40mm~45mm。成虫翅正面黑褐色，斑纹白色，前翅中室内剑眉状纹在2/3处残缺；前翅中横斑列弧形排列，m_3室与cu_1室的斑外移，m_3室的斑特别小。后翅中横带极倾斜，到达翅后缘的1/3处；亚缘带的大部分与中横带平行，不与翅的外缘平行。翅反面红褐色，除白色斑纹外有黑色斑点，还有白色的外缘线。寄主为忍冬科的菰腺忍冬（*Lonicera hypoglauca*）、忍冬、半边月。

3.6.16 带蛱蝶属 *Athyma*

【虬眉带蛱蝶】*Athyma opalina*（Kollar）

虬眉带蛱蝶翅展达40mm~45mm。成虫翅正面黑褐色，斑纹白色；前翅中室内条纹断成4段，亚缘斑只顶角及臀角存在。后翅中横带前宽后窄，外横带显著。反面红褐色，后翅肩区比正面多1条白纹。

【新月带蛱蝶】*Athyma selenophora*（Kollar）

新月带蛱蝶翅展达40mm~45mm。雌雄异型。雌蝶近似虬眉带蛱蝶，但前翅中横列前面几个白斑及外横列所有斑纹均为新月形；后翅正面呈现亚外缘带。雄蝶前翅只见亚顶角处2枚新月斑，中室外从m_3室基部到翅后缘有5枚白斑重叠，连后翅横带，组成似响尾蛇的图形。寄主为茜草科（Rubiaceae）的玉叶金花（*Mussaenda pubescens*）、水团花（*Adina pilulifera*）。

【孤斑带蛱蝶】*Athyma zeroca* Moore

孤斑带蛱蝶翅展达40mm~45mm。孤斑带蛱蝶和新月带蛱蝶十分近似，雌雄翅上斑纹颜色不同，但中室内的眉状纹均在2/3处断裂(雄蝶从反面可以看清)。寄主为茜草科植物。

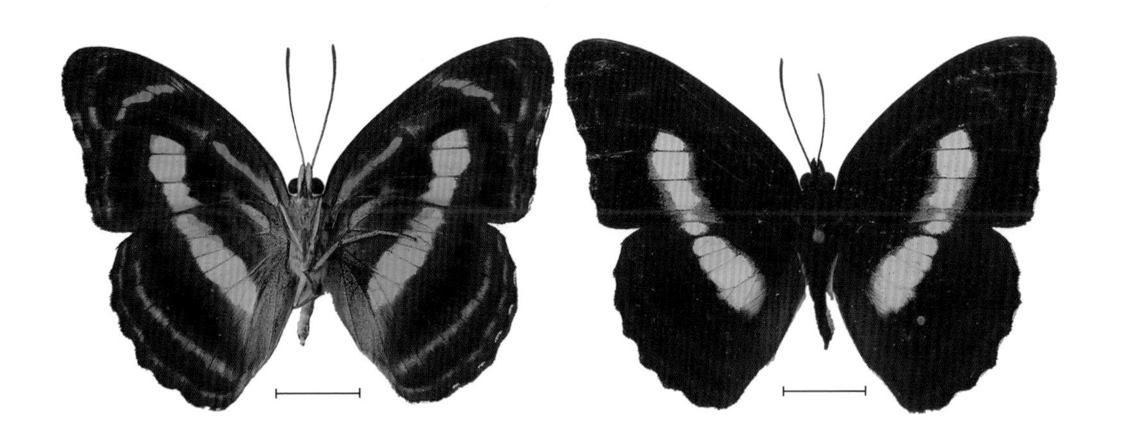

【玉杵带蛱蝶】*Athyma jina* Moore

玉杵带蛱蝶翅展达40mm~45mm。成虫翅正面黑褐色，斑纹白色；前翅中室内有棒状纹，基部细而端部粗，近顶角有3枚小白斑，中横列斑中m_3室斑最小，孤立；后翅中横带宽，与肩区白纹及外横带不连接。寄主为忍冬科的菰腺忍冬。

【幸福带蛱蝶】*Athyma fortuna* Leech

幸福带蛱蝶翅展达40mm~45mm。幸福带蛱蝶和玉杵带蛱蝶近似，前翅中室内的条纹较细，近顶角只有2枚小白点；后翅反面肩区白纹在$Sc+R_1$脉下（在$Sc+R_1$脉上），中横带与外横在前端连接。寄主为茜草科的吕宋荚蒾（*Viburnum luzonicum*）。

3.6.17 环蛱蝶属 *Neptis*

【**小环蛱蝶**】*Neptis sappho*（Pallas）

小环蛱蝶翅展达 40mm~45mm。成虫翅正面黑色，斑纹白色。前翅中室条近端部被暗色线切断。后翅中带约等宽，外侧带被深色翅脉隔开。触角末端颜色淡。翅反面棕红色，白色斑纹外缘无黑色外围线。寄主为豆科的胡枝子（*Lespedeza bicolor*）、柔毛胡枝子（*Lespedeza pubescens*）、山黧豆（*Lathyrus quinquenervius*）、野葛（*Pueraria lobata*）、山葛（*Pueraria montana*）、白车轴草（*Trifolium repens*）。

【中环蛱蝶】*Neptis hylas*（Linnaeus）

中环蛱蝶翅展达40mm~45mm。中环蛱蝶与小环蛱蝶相近似，前翅正面中室条近端部也有深色横线，但翅的反面棕黄色，后翅中带及外带等白斑纹具有深色的外围线。寄主为榆科的异色山麻黄（*Trema orietais*），豆科的胡枝子、小槐花（*Desmodium caudatum*）、直生刀豆（*Canavalia ensiformis*）、刀豆（*Canavalia gladiata*）、长波叶山蚂蝗（*Desmodium sequax*），桑科的构树（*Broussonetia papyrifera*）。

【阿环蛱蝶】*Neptis ananta* Moore

阿环蛱蝶翅展达40mm~45mm。成虫翅正面黑色，斑纹黄色。前翅中室条与室侧条愈合不完整，前缘愈合处有缺刻，上外带 r_5 室斑的侧下角有1个长的尖尾突。后翅中带与外带约等宽。后翅反面的中带与中线在 $sc+r_1$ 室相距很近，缘毛黑白对比不显著。后翅反面基带宽大，无亚基条。

【折环蛱蝶】*Neptis beroe* Leech

折环蛱蝶翅展达40mm~45mm。成虫翅正面黑色，斑纹黄色或白色。前翅下外带m_3、cu_1室斑与室侧条、中室条构成“曲棍球杆”状的斑纹。前翅前缘中部有1条细窄条纹将亚前缘斑与上外带相连。后翅中带与外带颜色相同，反面基域内无斑点。本种最显著的特征为雄蝶后翅$Sc+R_1$与Rs脉强烈弯曲。

3.6.18 枯叶蛱蝶属 *Kallima*

【枯叶蛱蝶】*Kallima inachus* Doubleday

枯叶蛱蝶翅展达40mm~45mm。成虫翅褐色或紫褐色，有藏青色光泽。前翅顶角尖锐，斜向外上方，中域有1条宽阔的橙黄色斜带，亚顶部和中域各有1枚白点，后翅1A+2A脉伸长成尾状。两翅亚缘各有1条深色波线。翅反面呈枯叶色，静息时从前翅顶角到后翅臀角处有1条深褐色的横线，加上几条斜线，酷似叶脉，是蝶类中的拟态典型。寄主为爵床科的黄球花（*Strobilanthes chinensis*）。

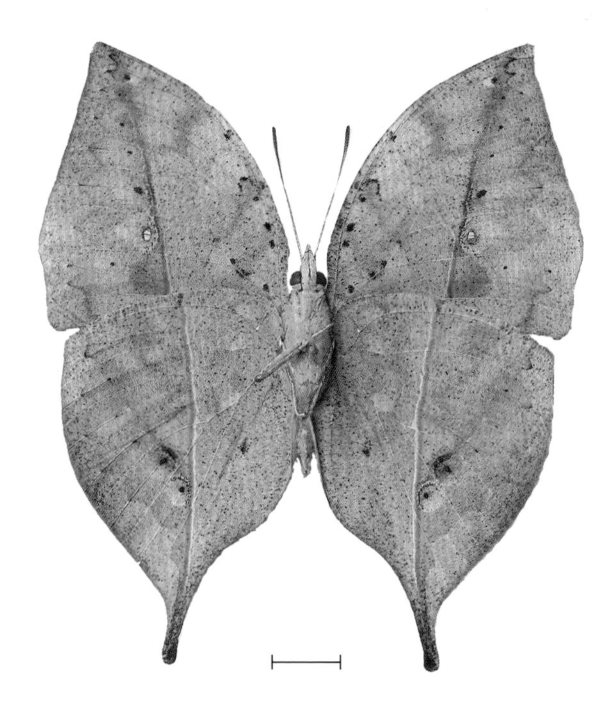

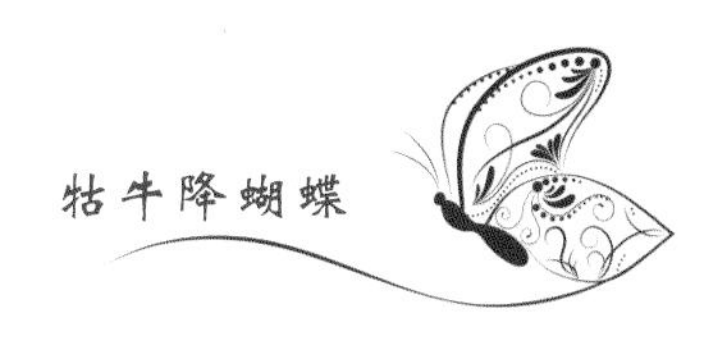

3.6.19 红蛱蝶属 *Vanessa*

【大红蛱蝶】*Vanessa indica*（Herbst）

大红蛱蝶翅展达40mm~45mm。成虫翅黑褐色，外缘波状。前翅M_1脉外伸成角状，翅顶角有几个白色小点，亚顶角斜列4枚白斑，中央有1条宽的红色不规则斜带。后翅暗褐色，外缘红色，内有1列黑色斑，内侧还有1列黑色斑。前翅反面除顶角茶褐色外，前缘中部有蓝色细横线；后翅反面有茶褐色的云状斑纹，外缘有4枚模糊的眼斑。寄主为荨麻科的荨麻（*Urtica fissa*）、苎麻（*Boehmeria nivea*），椴树科（Tiliaceae）的黄麻（*Corchorus capsularis*），榆科的榆（*Ulmus pumila*）、榉树（*Zelkova serrata*）。

【小红蛱蝶】*Vanessa cardui*（Linnaeus）

小红蛱蝶翅展达40mm~45mm。本种与大红蛱蝶近似，主要区别是：体翅较小，前翅中域3枚黑斑相连，后翅端半部橘红色扩展至中室，前翅反面无完整的黑色外缘带。寄主为荨麻科植物，榆科的榆树，豆科的大豆，菊科（Compositae）的艾（*Artemisia argyi*）、蓟（*Cirsium japonicum*）。

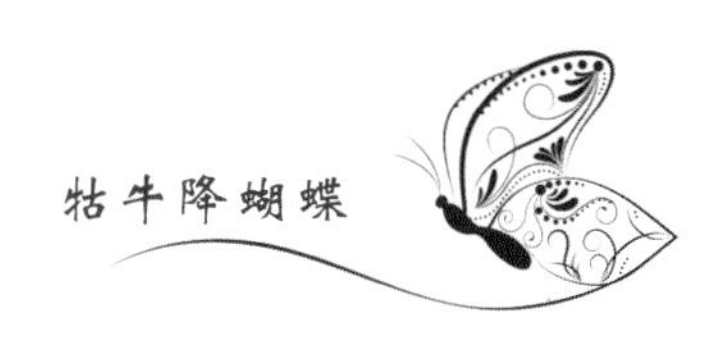

3.6.20 琉璃蛱蝶属*Kaniska*

【琉璃蛱蝶】*Kaniska canace*（Linnaeus）

琉璃蛱蝶翅展达40mm~45mm。成虫前翅外缘自顶角至M_1脉端突出，Cu_2脉端至后角突出，两者间刻入，呈波状及圆弧状；翅正面黑褐色，亚顶端部有1枚白斑；两翅外中区贯穿1条蓝色宽带，带在前翅呈丫状，在后翅有1列黑点。后翅外缘M_3脉端突出呈齿状。翅反面基半部黑褐色，端半部褐色，后翅中室有1枚白点。寄主为荨麻科的荨麻、苎麻，菊科的小蓟（*Cephalanoplos segetum*）、牛蒡子（*Arctium lappa*）、蓍（*Achillea millefolium*）、冷蒿（*Artemisia frigida*），藜科（Chenopodiaceae）的甜菜（*Beta vulgaris*）、藜（*Chenopodium album*），十字花科的萝卜（*Raphanus sativus*），葫芦科（Cucurbitaceae）的甜瓜（*Cucumis melo*），大戟科（Euphorbiaceae）的蓖麻（*Ricinus communis*），榆科等植物。

3.6.21 钩蛱蝶属*Polygonia*

【白钩蛱蝶】*Polygonia c-album*（Linnaeus）

白钩蛱蝶翅展达40mm~45mm。本种因春型和秋型的区别，使色彩和外形有较大差异。春型翅黄褐色，秋型带红色，反面秋型黑褐色。双翅外缘的角突顶端春型稍尖，秋型浑圆，但后翅反面均有"L"形银色纹，秋型尤醒目。寄主为榆科的榆、大果榆（*Ulmus macrocarpa*）、朴树，荨麻科的荨麻，杨柳科的柳（*Salix babylonica*），桦木科（Betulaceae）的白桦（*Betula platyphylla*），忍冬科的忍冬，大麻科（Cannabaceae）的大麻（*Cannabis sativa*）。

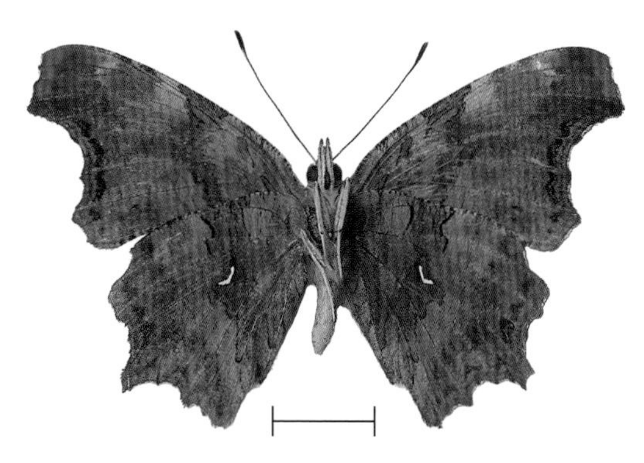

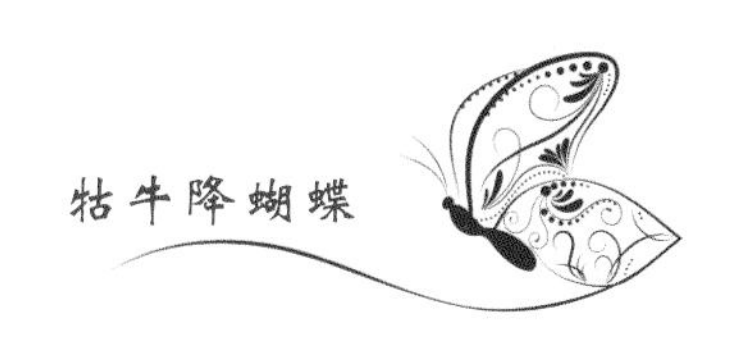

【黄钩蛱蝶】*Polygonia c-aureum*（Linnaeus）

黄钩蛱蝶翅展达40mm~45mm。本种与白钩蛱蝶相似又混合发生，主要区别是：前翅中室内有3枚黑褐斑；后翅中室基部有1枚黑点；前翅后角和后翅m_2、cu_1、cu_2室外端的黑斑上有蓝色鳞片；翅外缘角突尖锐，秋型尤甚。寄主为榆科的榆，大麻科的大麻、葎草（*Humulus scandens*），蔷薇科的白梨（*Pyrus bretschneideri*），松科（Pinaceae）的马尾松（*Pinus massoniana*），芸香科的柑橘。

3.6.22 眼蛱蝶属 *Junonia*

【美眼蛱蝶】*Junonia almana*（Linnaeus）

美眼蛱蝶翅展达40mm~45mm。成虫翅正面橙红色，反面橙黄色。前后翅外缘各有3条黑褐色波状线，翅面各有1大1小2条眼状纹：前翅下方1个大，上方1个小（实为2个相连）；后翅上方1枚跨两室大斑，下1个很小，雌蝶只呈小的线圈。翅反面各眼状纹大小差别不太显著，后翅下方的雌雄皆为眼状纹。本种有季节型，即夏（春）型、秋（冬）型，也有称为湿季型、旱季型与高温型、低温型。二型的明显区别是：秋型前翅外缘和后翅臀角有角状突起；秋型反面斑纹不明显，后翅中线清晰，色泽呈枯叶状。寄主为玄参科的旱田草（*Lindernia ruellioides*），爵床科的水蓑衣（*Hygrophila salicifolia*）。

【翠蓝眼蛱蝶】*Junonia orithya*（Linnaeus）

翠蓝眼蛱蝶翅展达40mm~45mm。雄蝶前翅基部藏青色，后翅室蓝色；前翅前端有白色斜带，前后翅各有2枚眼状斑，外缘灰黄色。雌蝶翅基部深褐色，唯眼状斑比雄蝶大而醒目。本种季节型明显，秋型前翅 M_1 脉尖突，反面色深，后翅更为深灰褐色，斑纹模糊。寄主为爵床科的鳞花草（*Lepidagathis incurva*）、爵床（*Rostellularia procumbens*），玄参科的金鱼草、泡桐（*Paulownia tomentosa*），旋花科（Convolvulaceae）的番薯（*Ipomoea batatas*）。

3.6.23 盛蛱蝶属 *Symbrenthia*

【黄豹盛蛱蝶】*Symbrenthia brabira* Moore

黄豹盛蛱蝶翅展达40mm~45mm。成虫翅正面黑色，前翅中室有1条橙红色纵带伸至中域，并逐渐加宽；近顶角有1枚外斜的橙红色斑，近后缘角也有1枚相对应的橙红色斑。后翅M_3脉端角状突出，亚外缘与中域有2条宽的橙红色带。翅反面橙黄色，基部2/3有不规则排列不同大小形状的黑褐色斑点；亚缘有眼状斑，前翅4枚，残缺呈半圆形，后翅从rs室至cu_1室5枚，椭圆形，中有蓝色鳞，外有线围在一起；外缘有2条黑线，后翅的黑线波状。

3.6.24 蜘蛱蝶属 *Araschnia*

【曲纹蜘蛱蝶】*Araschnia doris* Leech

曲纹蜘蛱蝶翅展达40mm~45mm。成虫后翅较圆，脉端突出成齿状，翅正面黑褐色，中横带黄白色，中带的前翅cu_1斑与后翅r_1斑向内移位，不连成1条直线；亚外缘3条橙红细线互相交接，划分出不同大小的2列黑斑。翅反面黄褐色或红褐色，脉纹不规则的黄色横线组成蜘蛛网状纹。寄主为荨麻科的荨麻、苎麻。

3.6.25 绢蛱蝶属 *Calinaga*

【大卫绢蛱蝶】*Calinaga davidis* Oberthür

大卫绢蛱蝶成虫翅展达40mm~45mm。成虫头胸相接处有橙黄色毛,翅白色半透明,脉纹黑色。前翅中室内和端部及中室外各有淡黑色横纹,前后翅端部1/3淡黑色,中室有2列白色椭圆斑。寄主桑科的鸡桑(*Morus australis*)。

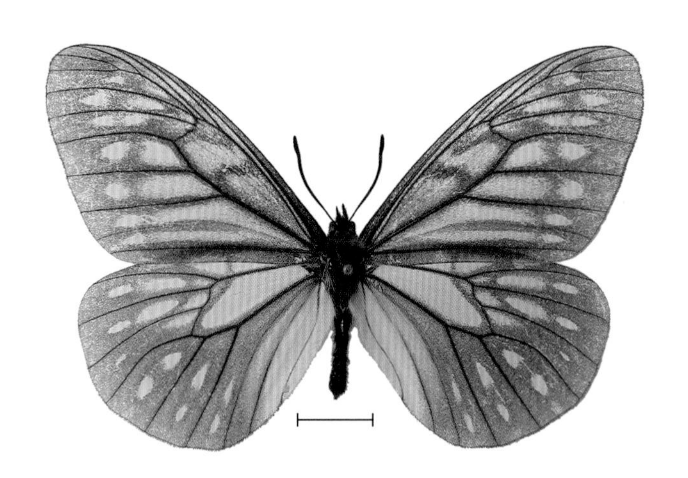

3.7 珍蝶科 Acraeidae

珍蝶科又叫斑蛱蝶科，从蛱蝶科分出，有些学者还把它保留在蛱蝶科中。

1. 成虫

珍蝶科蝴蝶体型中型偏小；前翅窄长，显著比后翅长；腹部细长，下唇须圆柱形；前足退化，中后足的爪不对称。珍蝶科能从胸部分泌出有臭味的黄色汁液，以逃避敌害，因之也为其他蝶类（如凤蝶科、灰蝶科）所模拟。

珍蝶科蝴蝶多数种类为翅红色或褐色，近似其所生长的环境，有的有金属光泽，少数种类透明，模拟其他昆虫；中室开式或闭有细的横脉。珍蝶科蝴蝶成虫与袖蝶科蝴蝶成虫很近似，只是袖蝶科蝴蝶成虫的肩脉向基部弯曲，爪对称而下唇须侧扁。

珍蝶科蝴蝶飞翔缓慢，有迁徙习性，有时大群密集在小树上，能把全树盖住。

2. 卵

珍蝶科蝴蝶的卵呈长卵形，大约0.9mm×0.6mm，有隆线10余条，初产时鲜黄色，孵化前灰褐色。

3. 幼虫

珍蝶科蝴蝶的幼虫多刺，非洲种类多取食西番莲科植物，南美种类取食各种植物。

4. 蛹

珍蝶科蝴蝶的蛹为悬蛹，圆锥形，体长约25mm，头胸部背面有小突起。

5. 寄主

珍蝶科蝴蝶的寄主主要为荨麻科植物，如水麻（*Debregeasia orientalis*）等。

6. 分布

珍蝶科蝴蝶分布于江南各地。

【苎麻珍蝶】*Acraea issoria*（Hübner）

苎麻珍蝶翅展达70mm~75mm。成虫翅褐黄色，外缘有宽黑色带，嵌有灰白色斑点（在后翅呈三角形）。雄蝶前翅中室端有1条横纹，雌蝶在端纹内外各有1条横纹，后缘还有1枚孤立的黑斑。反面后翅外缘三角形斑内侧有1条褐红色窄带。寄主为荨麻科的苎麻、荨麻、糯米团（*Gonostegia hirta*），山茶科（Theaceae）的茶（*Camellia sinensis*）。

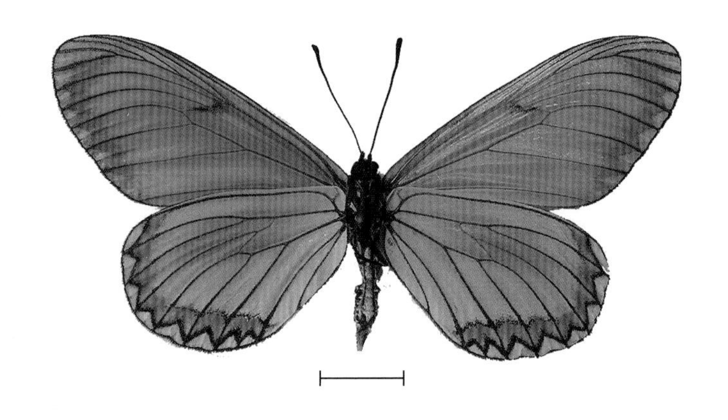

3.8 喙蝶科 Libytheidae

1. **成虫**

喙蝶科蝴蝶体型中型或较小，翅色暗，灰褐色或黑褐色，有白色或红褐色斑。喙蝶科与蛱蝶科关系密切，为其一原始的分支。

喙蝶科蝴蝶成虫头小，复眼上无毛。下唇须特别长，其长度约和胸部相等，伸出在头的前方，非常显著。触角较短，明显呈锤状。雄蝶前足退化，跗节只1节，无爪；雌蝶正常。前翅顶角突出成钩状；R脉5支，3支基部愈合；A脉1条。后翅略呈方形，外缘锯状；A脉2条，肩脉发达。前后翅中室多为开式。

喙蝶科蝴蝶寿命很长，终年可见，常以成虫越冬，非洲和美洲有些种类能远距离飞翔，但中国种无迁徙记录。

2. **卵**

喙蝶科蝴蝶的卵呈长椭圆形，精孔部突出，卵面有纵脊。

3. **幼虫**

喙蝶科蝴蝶的幼虫和粉蝶科蝴蝶的幼虫相似，但中后胸稍大。

4. **蛹**

喙蝶科蝴蝶的蛹为悬蛹，圆锥形，光滑无突起，有时体表面有叶脉状纹。

5. **寄主**

喙蝶科蝴蝶的寄主为榆科的朴树。

6. **分布**

喙蝶科蝴蝶全省广布。

【**朴喙蝶**】*Libythea celtis* Godart

朴喙蝶翅展达45mm~50mm。成虫下唇须很长,突出在头前方呈喙状。前翅顶角突出呈镰刀的端钩,后翅外缘锯齿状。翅色黑褐,前翅近顶角有3枚小白斑,中室内有1枚钩状红褐斑,同其外侧的圆形红褐斑相接触;后翅中部有1条红褐色横带,后翅反面灰褐色,中室有1枚小黑点。寄主为榆科的朴树。

3.9 蚬蝶科 Riodinidae

蚬蝶科多为小型美丽的蝴蝶，与灰蝶科很相似，是从该科中分出来的。

1. 成虫

蚬蝶科蝴蝶的成虫头小；复眼无毛，有凹入，以适应触角的基部；下唇须短；触角细长，端部明显成锤状。雌蝶前足正常。雄蝶前足退化，缩在胸部下无作用；跗节只1节，刷状，无爪，基节在转节下有一突出。前翅R脉5条，后3条在基部合并；A脉1条；后翅肩角加厚，肩脉发达，A脉2条，通常无尾突；前后翅中室多为开式。成虫喜在阳光下活动，飞翔迅速，但飞翔距离不远，休息时四翅半展开。

2. 卵

蚬蝶科蝴蝶的卵近圆球形，表面有小突起。

3. 幼虫

蚬蝶科蝴蝶的幼虫呈蛞蝓型，体被细毛，与灰蝶科蝴蝶相似。蚬蝶科蝴蝶有的种类幼虫与蚁共栖。

4. 蛹

蚬蝶科蝴蝶的蛹为缢蛹，短，粗钝圆，生有短毛。

5. 寄主

蚬蝶科蝴蝶的寄主主要为禾本科、紫金牛科(Myrsinaceae)植物。

6. 分布

蚬蝶科蝴蝶分布于江南各地。

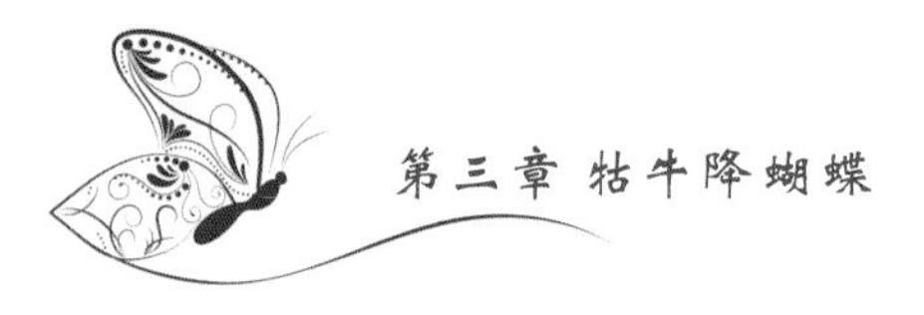

3.9.1 褐蚬蝶属 *Abisara*

【白点褐蚬蝶】*Abisara burnii*（de Nicéville）

白点褐蚬蝶翅展达40mm~45mm。成虫翅面红褐色，亚缘白线不明显，前翅亚顶端部有银白色横斑列，前缘中部有模糊的白点；后翅外缘M_3脉端部稍伸长，略呈角状，亚缘有1条间断的细线，顶角域有2枚黑褐色冠以白色的斑。翅反面橙黄色，斑纹特别明显；前翅亚外缘、后中域和中域各有1列银白色斑，以后中域的斑列最大，中域m_3室的斑向外突出；后翅也有同样的3列斑，唯有后中域的1列呈齿状。寄主为紫金牛科的白花酸藤果（*Embelia ribes*）。

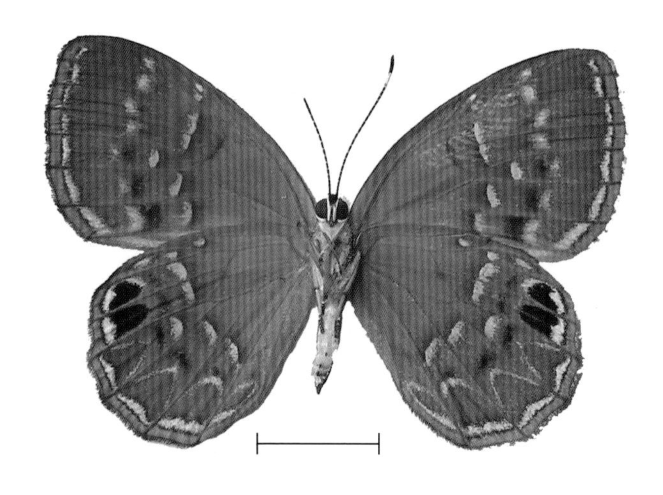

3.9.2 波蚬蝶属 *Zemeros*

【波蚬蝶】*Zemeros flegyas*（Cramer）

波蚬蝶翅展达35mm~40mm。成虫翅面绯红褐色，脉纹色浅；有白点，在每个白点的内方均连有1枚深褐色斑，白点在亚缘和中域上呈1条整齐的列行，中域列内外还有几个散的小白点；前翅外缘波曲，后翅外缘还在m_3脉端突出呈角度。翅反面色淡，斑纹清晰。寄主为紫金牛科的鲫鱼胆（*Maesa perlarius*）、杜茎山（*Maesa japonica*）、金珠柳（*Maesa montana*）。

3.10 灰蝶科 Lycaenidae

1. **成虫**

灰蝶科蝴蝶均为小型(极少中型)美丽的蝴蝶;翅正面常呈红、橙、蓝、绿、紫、翠、古铜等颜色,翅反面的图案与颜色与正面不同,多为灰、白、赭、褐等色。雌雄异型,正面色斑不同,但反面相同。复眼互相接近,其周围有一圈白毛;触角短,锤状,每节有白色环。雌蝶前足正常;雄蝶前足正常或跗节及爪退化。前翅 R_4 脉消失,R 脉常只 3 条~4 条(少数属为 5 条);A 脉 1 条,不少种可见基部有 3A 脉并入。后翅除圆灰蝶亚科(Poritiinae)外无肩脉;A 脉 2 条,有时有 13 个尾突。前后翅中室闭式或开式。

成虫生活在森林中,少数种为害农作物及在平地发现,喜在阳光下飞翔。

2. **卵**

灰蝶科蝴蝶的卵呈半圆球形或扁球形;精孔区凹陷,表面满布多角形雕纹,散产在嫩芽上。

3. **幼虫**

灰蝶科蝴蝶的幼虫为蛞蝓型,即身体椭圆形而扁,边缘薄而中部隆起;头小,缩在胸部内;足短;体光滑或多细毛,或具小突起;第七节背板上常有腺开口,其分泌物为蚂蚁所喜好,与蚂蚁共栖;以卵或幼虫越冬。

4. **蛹**

灰蝶科蝴蝶的蛹为缢蛹,椭圆形,光滑或被细毛,有些种类化蛹在丝巢中,丝巢在植物上或地面上。

5. **寄主**

灰蝶科蝴蝶的寄主多为豆科,也有捕食蚜虫和介壳虫的。

6. **分布**

灰蝶科蝴蝶全省广布。

3.9.2 蚜灰蝶属 *Taraka*

【蚜灰蝶】*Taraka hamada*（Druce）

蚜灰蝶翅展达18mm~22mm。成虫翅正面栗褐色，翅膜透明，反面的斑点在正面隐约可见；前后翅外缘白色，脉端棕色。翅反面白色，斑纹黑褐色，外缘有1条黑色细线，线上有三角形小斑点，亚缘有1列圆斑；前翅前缘中段有4枚分布均匀的圆斑，基部有1枚斑点；两翅还散布不少圆形或近圆形斑点。雌雄同型，雌蝶颜色稍浅，体型较大。寄主为蚜科（Aphididae）的棉蚜（*Aphis gossypii*）。

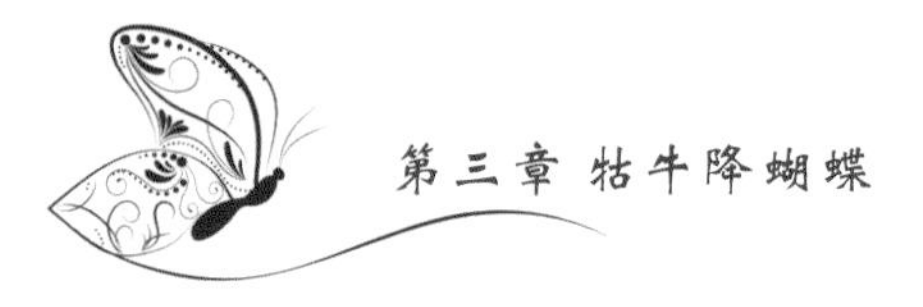

3.10.2 银灰蝶属 *Curetis*

【尖翅银灰蝶】*Curetis acuta* Moore

尖翅银灰蝶翅展达35mm~40mm。成虫翅黑褐色，前翅顶角钝尖，后翅臀角稍尖出。雄蝶前翅中室下半部、m_3室、cu_1室以及后翅中室外侧有橙红色斑；雌蝶则为青白色斑。反面雌雄皆为银白色，后翅沿外缘各室有极细小的黑点列。寄主为豆科的紫藤（*Wisteria sinensis*）、野葛。

3.10.3 丫灰蝶属 *Amblopala*

【丫灰蝶】*Amblopala avidiena*（Hewitson）

丫灰蝶翅展达28mm~32mm。本种翅形特异，前翅顶角尖，外缘近S形，后翅前缘末端的棱角分明，臀角部突出如尾突。翅黑褐色，前翅中室及下方为蓝色，中室端外m_2、m_3和cu_1室有橙色斑。翅反面灰褐色，前翅亚缘白色细线内外色彩分别；后翅中央有灰白色丫形宽带，是本种又一独有的特征，在亚缘有1条不明显同色宽带。寄主为豆科的山合欢。

3.10.4 娆灰蝶属 *Arhopala*

【齿翅娆灰蝶】*Arhopala rama*（Kollar）

齿翅娆灰蝶翅展达40mm~45mm。成虫前翅的外缘波状，在顶角下明显凹入，翅正面黑褐色，雄蝶翅除边缘外有蓝紫色光泽，雌蝶翅的紫色光泽只存在翅基半的中央。翅反面除前翅后缘区白色外，其余淡褐色；斑纹褐色，外缘带与亚缘带略平行，外中带在M_3脉处中断，到Cu_2脉为止，中室端斑近圆形，其下有3枚斑点。成虫尾突短。寄主壳斗科的柯木（*Lithocarpus glaber*）。

3.10.5 玛灰蝶属 *Mahathala*

【玛灰蝶】*Mahathala ameria*（Hewitson）

玛灰蝶翅展达40mm~45mm。雄雌同型。前翅基部和后翅中部具紫蓝色，其余为黑色。前翅外缘前端波状，稍凹入；后翅臀角向内突出，尾突末端膨大而圆，前翅外缘中部凹入，顶角尖出。寄主为大戟科的石岩枫（*Mallotus repandus*）。

3.10.6 绿灰蝶属 *Artipe*

【绿灰蝶】*Artipe eryx*（Linnaeus）

绿灰蝶翅展达40mm~45mm。雄蝶翅正面黑褐色，前翅中室至后缘、后翅中室端至外缘有闪光浓紫蓝斑，后翅臀角叶状突出，其上有蓝黑色点，尾突细长。翅反面绿色，前翅后缘部灰白色，有1条白色中外横线；后翅外横线间断扭曲，尾状突基部两侧各有1枚黑点，臀角黑色。雌蝶翅黑褐色，后翅2a、cu_2和cu_1室亚外缘有白

斑，臀角黑色，尾突细长，黑色。翅反面绿色，前翅同雄蝶，后翅中横列不明显，亚缘从2a至m_3室有白斑列，臀角黑色，内侧白色；尾状突起基部有2枚黑斑。寄主为茜草科的栀子（*Gardenia jasminoides*）。

3.10.7 燕灰蝶属 *Rapala*

【**蓝燕灰蝶**】*Rapala caerulea*（Bremer et Grey）

蓝燕灰蝶翅展达40mm~45mm。成虫前翅黑褐色，前翅中室外端有1枚大的橙黄色斑，个体斑纹大小变化很大；后翅近臀角处有1枚大小变化的橙黄色斑；臀角突出，黑色圆片状，内有橙红色斑；尾突黑色细长，末端白色，翅反面颜色春型为青灰色，夏型为黄褐色；中室端斑淡褐色，前后翅外中线斜直，黄褐色，外侧镶有白边；

后翅外中线在近臀角处呈"W"型，臀域橙红色，cu_1、cu_2室内各有1枚黑斑，臀角黑色。寄主为鼠李科的鼠李，蔷薇科的野蔷薇（*Rosa multiflora*）。

3.10.8 生灰蝶属 *Sinthusa*

【生灰蝶】*Sinthusa chandrana*（Moore）

生灰蝶翅展达30mm~35mm。雄蝶前翅面黑褐色；后翅前缘及臀区褐色，其他部分有紫蓝色光泽，rs室近基部有圆形性标。翅反面灰褐色，斑纹有白边，前翅中横带中间折断，亚外缘有1个新月形横斑列，其外侧白色；后翅前缘基部有1枚小斑，中室端有斑，中室外有呈弧形斑列，亚外缘同前翅；臀角突和cu_2室端有1枚橙红斑，内有1枚黑点，尾突纤细。寄主为蔷薇科的粗叶悬钩子。

3.10.9 梳灰蝶属 *Ahlbergia*

【尼采梳灰蝶】*Ahlbergia nicevillei*（Leech）

尼采梳灰蝶翅展达40mm~45mm。雄蝶翅面黑褐色，前后翅基部和中部银蓝色，翅缘毛灰白，后翅内缘后半部凹陷，臀角向内突出。翅反面，前翅色浅，中部有1枚弓形斑；后翅基半部深红褐色，中横带宽，色浅，达Cu_1脉时向内折，后缘中部有1枚褐色新月斑。雌蝶翅面前翅前缘、顶端及外缘暗褐色，中下部青蓝色，后翅除外缘外，大部分为青蓝色；翅反面前翅棕红色，后翅深棕红色，中横线红褐色，弯曲，隐约可见。寄主为忍冬科的忍冬。

3.10.10 洒灰蝶属 *Satyrium*

【大洒灰蝶】*Satyrium grande*（Felder et Felder）

大洒灰蝶翅展达40mm~45mm。成虫前后翅正面黑色，无斑纹，后翅Cu_1和Cu_2脉端均有尾突，Cu_2脉上的长，黑色，端部白色。翅反面灰褐色，前翅亚外缘有1列黑斑，靠前缘黑斑小，不清晰。中横白线内侧黑色，近Cu_2脉处曲折。后翅外缘有1条白黑细线，亚外缘有1列黑斑，黑斑内缘有1条曲折的白线，外侧为橙红斑，中横线是黑白细线，后缘曲折；Cu_1脉至臀角橙红色斑大，外侧有2枚黑斑，2a室有1枚蓝斑。寄主为豆科的紫藤，蔷薇科的苹果（*Malus pumila*）。

【优秀洒灰蝶】*Satyrium eximium*（Fixsen）

优秀洒灰蝶翅展达40mm~45mm。成虫翅黑褐色，有暗紫色闪光，前翅中室上方有椭圆形性标斑；后翅臀角圆形突出，内有橙红色斑，有尾状突起2枚，Cu_1脉端的1条极短。反面暗灰色，前翅沿外缘有不完整的浅色细线，近后角的一段较明显，其内侧有2条~3条极不明显的斑纹，亚缘有1条青白色横线，末端曲折；后翅沿外缘有1条青白色细线，亚缘另有1条平行的同色线纹，两线中间各室有橙红色斑，但自臀角至顶角依次渐小，斑纹内侧各有黑色弧状纹，中部横线前段直，后端呈W形，臀角黑色，cu_2室有1枚大黑圆点。寄主为鼠李科的鼠李，榆科的大果榆。

【杨氏洒灰蝶】*Satyrium yangi*（Riley）

杨氏洒灰蝶翅展达40mm~45mm。成虫前翅正面前缘与外缘黑褐色，其余部分淡青色，后翅正面蓝色，近臀角有1条细长褐色的尾突，翅在尾突基部有几个黑斑，缘毛白色。翅反面橙黄色，前翅亚外缘有1列白色圈，圈内有黑点，外横线为1条清晰的白线；后翅外缘线黑白相连，亚外缘有1列白圈黑点的斑纹，其外侧有1条橙红色带，白色的中线外斜，与臀区的白线相连呈W状。

3.10.11 灰蝶属*Lycaena*

【红灰蝶】*Lycaena phlaeas*（Linnaeus）

红灰蝶翅展达40mm~45mm。成虫翅正面橙红色，前翅周缘有黑色带，中室的中部和端部各具1枚黑点，中室外自前到后有3、2、2三组黑点。后翅亚缘自m_2室至臀角有1条橙红色带，其外侧有黑点，其余部分均黑色。前翅反面橙红色，外缘带灰褐色，带内侧有黑点，其他黑点同正面；后翅反面灰黄色，亚缘带橙红色，带外侧有小黑点，后中黑点列呈不规则弧形排列，基半部散布几个黑点，尾突微小，端部黑色。

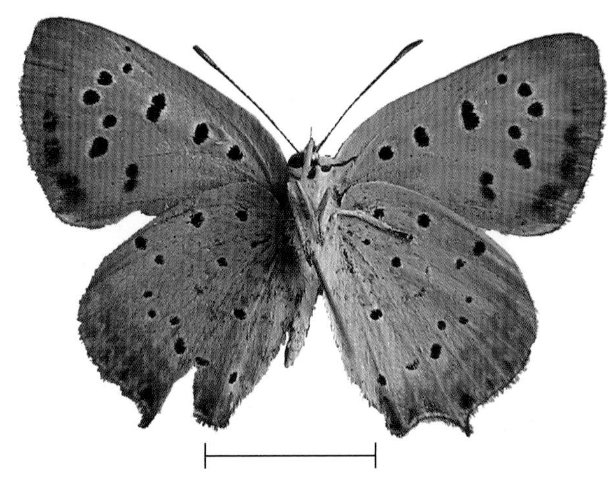

3.10.12 彩灰蝶属 *Heliophorus*

【摩来彩灰蝶】*Heliophorus moorei*（Hewitson）

摩来彩灰蝶翅展达40mm~45mm。雄蝶翅正面金蓝色，前翅外端及前缘黑色；后翅前缘及外缘黑色，臀角域有新月形橘红色冠黑色的条斑。雌蝶翅面黑褐色，前翅中室端有1枚橘红色大斑；后翅有1条齿状橘红色亚缘带。翅反面深金黄色，前翅臀角有1枚圆形黑斑，其周围白色；后翅外缘有橘红色亚缘带，其内侧为黑边的白线。

3.10.13 锯灰蝶属 *Orthomiella*

【中华锯灰蝶】*Orthomiella sinensis*（Elwes）

中华锯灰蝶翅展达20mm~25mm。成虫和锯灰蝶很相似，雄蝶前翅有宽的外缘黑带，后翅前缘区色淡而非黑色。前翅反面有明显的亚缘带，后翅反面除前缘2枚斑明显外，其余斑纹愈合成不规则的大块。

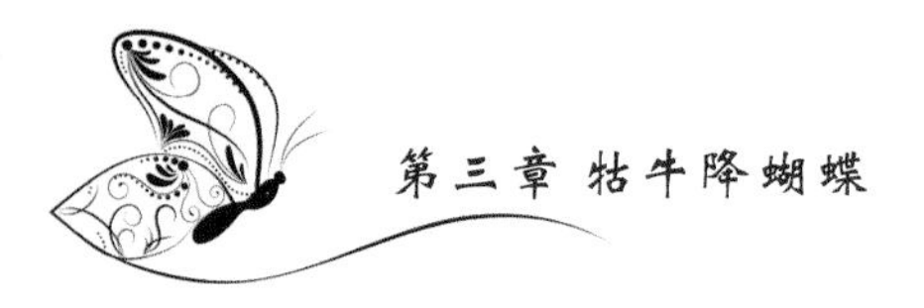

3.10.14 亮灰蝶属*Lampides*

【亮灰蝶】*Lampides boeticus*（Linnaeus）

亮灰蝶翅展达40mm~45mm。雄蝶翅正面紫褐色，前翅外缘褐色；后翅前缘与顶角暗灰色，臀角处有2枚黑斑。雌蝶前翅基后半部与后翅基部青蓝色，其余暗灰色；后翅臀角处2枚黑斑清晰，外缘各室淡褐色斑隐约可见。翅反面灰白色，由许多白色细线与褐色带组成波纹状，在中室内有2条波纹，后翅亚外缘1条宽白带醒目，这是本种区别他种的重要特征；臀角处有2枚浓黑色斑，黑斑内下面具绿黄色鳞片，上内方橙黄色。寄主为豆科的扁豆（*Lablab purpureus*）、猪屎豆（*Crotalaria pallida*）、大猪屎豆（*Crotalaria assamica*）、田菁（*Sesbania cannabina*）。

3.10.15 酢浆灰蝶属 *Pseudozizeeria*

【酢浆灰蝶】*Pseudozizeeria maha*（Kollar）

酢浆灰蝶翅展达30mm~40mm。成虫眼上有毛，呈褐色。触角每节上有白环。雄蝶翅面淡青色，前翅外缘及后翅前缘皆有黑褐色边；室端部有黑褐色斑点，黑边、黑点在低温时有消退甚至消失的迹象；雌蝶暗褐色，在翅基有青色鳞片。翅反面灰褐色，有黑褐色具白边的斑点。寄主为酢浆草科（Oxalidaceae）的黄花酢浆草（*Oxalis pes-caprae*）。

3.10.16 蓝灰蝶属 *Everes*

【蓝灰蝶】*Everes argiades*（Pallas）

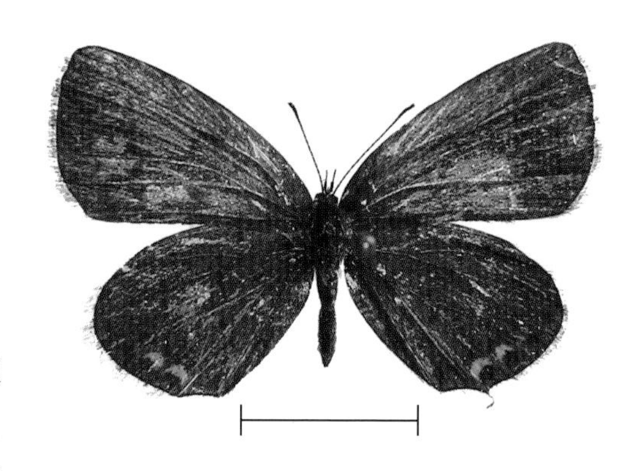

蓝灰蝶翅展达20mm~30mm。雄蝶翅青紫色，前翅外缘、后翅前缘与外缘褐色；雌蝶翅暗褐色，低温期前翅基后部与后翅外部会出现青紫色。翅反面灰白色，黑斑纹退化。前翅反面中室端纹淡褐色，近亚外缘有1列黑斑，外缘有2列淡褐色斑。后翅反面近基部有2枚黑斑，后中部黑斑排列不规则，外缘有2列淡褐色斑；臀角2枚较大清晰，上面有橙黄色斑。尾突白色，中间有黑色。寄主为豆科的紫苜蓿、紫云英（*Astragalus sinicus*）、百脉根（*Lotus corniculatus*）、豌豆（*Pisum sativum*）、大豆、三叶草（*Trioflium* sp）。

3.10.17 玄灰蝶属 *Tongeia*

【点玄灰蝶】*Tongeia filicavdis*（Pryer）

点玄灰蝶翅展达20mm~30mm。成虫翅正面黑褐色，斑纹不明显；反面灰白色。缘毛前端白色，基部黑褐色。前翅反面外缘线黑色，亚外缘有2列黑点，每列各6枚；中域前缘4枚黑点排列1列，后缘2个排1行，中室端有1枚黑点；中室内和下方各有1枚黑点，这是区别近似种的主要特征。后翅外缘cu_2脉有1条短细的尾状突起，外缘线黑色，亚外缘有2列黑点，cu_2和cu_1室各有1枚橙红色斑；中室外侧有3枚黑点，黑色的中室端线上下各有2枚黑点，内侧有1列黑点。寄主为景天科的圆叶景天（*Sedum makinoi*）。

3.10.18 丸灰蝶属*Pithecops*

【蓝丸灰蝶】*Pithecops fulgens* Doherty

蓝丸灰蝶翅展达30mm~35mm。成虫前翅外缘较平直,雄蝶翅前缘和外缘黑褐色,其余部分蓝紫色闪光;雌蝶翅黑褐色无紫色闪光。翅反面外缘有1列小黑点,亚外缘有1条淡黄色线。前翅前缘有2枚小黑点;后翅前缘近顶角有1枚黑色大圆斑;后缘近臀角有1枚小黑斑。

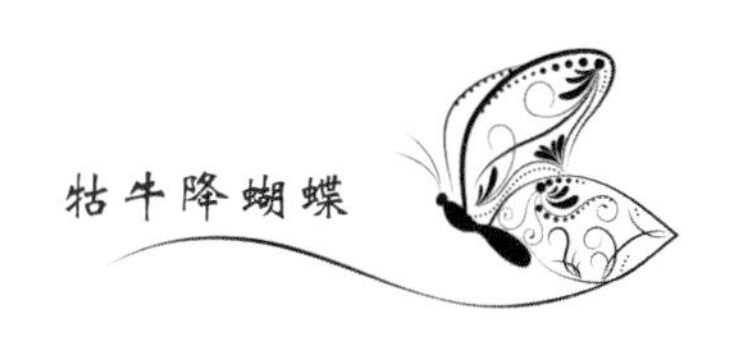

3.10.19 琉璃灰蝶属 *Celastrina*

【琉璃灰蝶】*Celastrina argiola*（Linnaeus）

琉璃灰蝶翅展达40mm~45mm。成虫翅粉蓝色微紫，外缘黑带前翅较宽，雌蝶比雄蝶宽2倍，中室端脉有黑纹，缘毛白色。翅反面斑纹灰褐色，前翅亚外缘点列排成直线，后翅外线点列也近直线状，前、后翅外缘小圆斑大小均匀。雄蝶翅正面，尤其后翅具有特殊构造的发香鳞掺于普通鳞片之中。寄主为虎耳草科（Saxifragaceae）的黑茶藨子（*Ribes nigrum*），豆科的槐（*Sophora japonica*）、圆菱叶山蚂蝗（*Desmodium podocarpum*）、野葛、苦参（*Sophora flavescens*）、救荒野豌豆（*Vicia sativa*）、多花紫藤、胡枝子，蔷薇科的苹果，蓼科（Polygonaceae）的虎杖（*Reynoutria japonica*），芸香科的楝叶吴茱萸（*Evodia rutaecarpa*），省沽油科（Staphyleaceae）的省沽油（*Staphylea bumalda*），山茱萸科（Cornaceae）的灯台树（*Bothrocaryum controversum*），壳斗科的槲栎（*Quercus aliena*），五加科（Araliaceae）的辽东楤木（*Aralia elata*）。

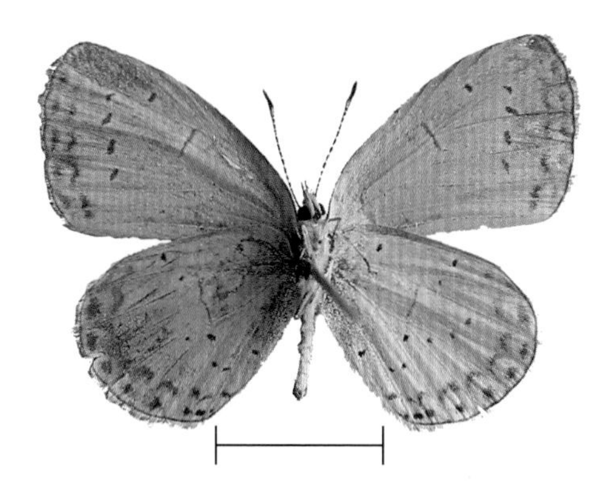

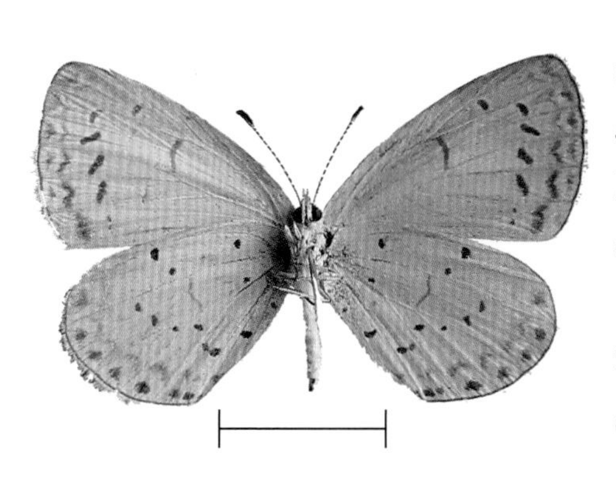

【大紫琉璃灰蝶】*Celastrina oreas*（Leech）

大紫琉璃灰蝶翅展达40mm~45mm。雄蝶翅正面外缘和前缘黑色，其余部分蓝紫色，缘毛白色；雌蝶翅紫色，是同属中色彩较深、个体较大的种类。翅反面灰白色。前翅外缘有1列小黑点，亚外缘线波状，外横列5枚小黑点，其中后4枚排成1列，中室端有短线纹。后翅外缘有1列小黑点，亚外缘线波状，中域自1a室到rs室有1列不规则的黑点，近翅基部也有3枚小黑点，中室端有1条短线纹。寄主为山茶科的台湾毛柃（*Eurya strigillosa*）、尾尖叶柃（*Eurya acuminata*）。

3.11 弄蝶科Hesperiidae

1. 成虫

弄蝶科蝴蝶为小型或中型的蝴蝶，体粗壮，颜色深暗，黑色、褐色或棕色，少数为黄色或白色。成虫头大，眼的前方有长睫毛。触角基部互相接近，并常有黑色毛块，端部略粗，末端尖出，并弯成钩状，是本科显著的特征。雌、雄前足均发达，胫节腹面有1对距，后足有2对距。前翅三角形，R脉5条，均直接从中室分出，不相合并；A脉2脉，离开基部后合并。后翅近圆形，A脉3脉。前后翅中室开式或闭式。

成虫飞翔迅速而带跳跃，多在早晚活动，在花丛中穿插、拨弄，多雨年份发生较多。

2. 卵

弄蝶科蝴蝶的卵呈半圆球形或扁圆形，有不规则的雕纹，或有不规则的纵脊与横脊；多散产。

3. 幼虫

弄蝶科蝴蝶的幼虫头大，色深；身体纺锤形，光滑或有短毛，并常附有白色蜡粉；前胸细瘦成颈状，容易辨别；腹足趾钩2序或3序，排成环式，腹部末端有一梳齿状骨片；常吐丝联数叶片成苞，在里面取食，夜间活动频繁。

4. 蛹

弄蝶科蝴蝶的蛹呈长圆柱形，末端尖削；表面光滑无突起；上唇分为3瓣，喙长，伸过翅芽很多，通常在幼虫所结的苞中化蛹。

5. 寄主

弄蝶科蝴蝶主要加害禾本科植物，也有为害豆科植物的，而有的是水稻、甘蔗及粟类等作物的重要害虫。

6. 分布

弄蝶科蝴蝶全省广布。

3.11.1 趾弄蝶属 *Hasora*

【无趾弄蝶】*Hasora anura* de Nicéville

无趾弄蝶翅展达40mm~45mm。成虫翅黑褐色，反面有绿色光泽。雄蝶前翅通常有1枚~2枚亚端小白点，雌蝶前翅正反面除亚端有3枚小黄点外；中室端及cu_1和m_3室各有方形黄斑，后翅中室端有1枚黄白色斑，cu_2室外缘有小的黄白色条纹，臀角不明显突出，无黑色臀角斑，这是与无斑趾弄蝶（*Hasora danda*）和三斑趾弄蝶（*Hasora badra*）的重要区别。寄主为豆科的密花豆（*Spatholobus suberectus*）、光叶红豆（*Ormosia glaberrima*）。

3.11.2 绿弄蝶属 *Choaspes*

【绿弄蝶】*Choaspes benjaminii*（Guérin-Méneville）

绿弄蝶翅展达40mm~45mm。成虫翅正面暗褐色，基部绿色；后翅臀角沿外缘有橙黄色带。翅反面黄绿色，翅脉黑色；后翅臀角橙红色斑纹在2a室至cu_1室间向内突出。寄主为清风藤科的红柴枝（*Meliosma oldhamii*）、笔罗子（*Meliosma rigida*）、细花泡花树（*Meliosma parviflora*）。

【半黄绿弄蝶】*Choaspes hemixantha* Rothschild

半黄绿弄蝶翅展达40mm~45mm。半黄绿弄蝶和绿弄蝶非常近似，但雄蝶翅色较淡，土黄色，翅基部绿色，雌蝶翅基部色淡黄绿色。寄主为清风藤科的清风藤（*Sabia japonica*）、柠檬清风藤（*Sabia limoniacea*）。

3.11.3 星弄蝶属 *Celaenorrhinus*

【斑星弄蝶】*Celaenorrhinus maculosus*（Felder et Felder）

斑星弄蝶翅展达40mm~45mm。成虫身体黑色，腹节有黄环。翅黑色，前翅基部披褐色鳞片，近顶角处有5枚小白斑，中室端有1枚白斑，Cu_2室有3枚白斑，Cu_1室和M_3室各有1枚白斑，这些白斑中以中室和Cu_1室最大；后翅外缘有3枚黄白色斑，翅正面有15枚不规则黄色斑。前、后翅反面基部有数条橙黄色放射状条纹。

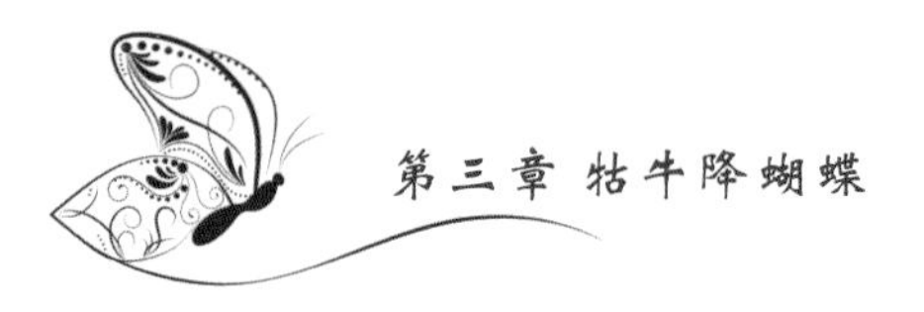

3.11.4 珠弄蝶属 *Erynnis*

【深山珠弄蝶】 *Erynnis montanus* (Bremer)

深山珠弄蝶翅展达30mm~35mm。成虫翅暗褐色，雄蝶有紫色光泽。前翅外半部有深灰色波状横带，其前缘有模糊白色点列；后翅面有2行黄色斑列（其内列斑纹较大，排列不规则），中室端斑1枚。雌蝶前翅面波状带色淡，宽而明显（尤其中带特别宽而色淡）。

3.11.5 白弄蝶属 *Abraximorpha*

【白弄蝶】*Abraximorpha davidii*（Mabille）

白弄蝶翅展达35mm~40mm。成虫翅白色，前翅前缘、顶角及外缘黑色，前缘室内保留有白色条纹；翅基部黑色，只留出中室内1个白条；中室端斑黑色，有1条白线与其外方大黑斑分开，亚缘有1列黑斑；亚顶端白色小斑排列不整齐。后翅基部黑色，外方有3列黑斑。寄主为蔷薇科的粗叶悬钩子。

3.11.6 襟弄蝶属 *Pseudocoladenia*

【黄襟弄蝶】*Pseudocoladenia dan*（Fabricius）

黄襟弄蝶翅展达40mm~45mm。成虫翅褐色或黑褐色。前翅中室斑雄蝶淡黄色，雌蝶白色，斑互相接触，但不愈合。后翅斑橙黄色，大小与排列多变化。寄主为唇形科（Labiatae）的密花香薷（*Elsholtzia densa*），苋科（Amaranthaceae）的土牛膝（*Achyranthes aspera*）。

3.11.7 梳翅弄蝶属 *Ctenoptilum*

【梳翅弄蝶】*Ctenoptilum vasava*（Moore）

梳翅弄蝶翅展达25mm~30mm。成虫前翅顶角斜截，Cu_2脉端处外缘刻入；后翅外缘Rs与M_2端部尖出，其后各脉端呈小齿状。翅红褐色，有5条透明白斑组成的中带，有4条透明亚顶端纹，此外翅面还有分散几个透明小点；后翅面中区有相连的透明斑排成挤紧的不规则的三横列。

3.11.8 黑弄蝶属 *Daimio*

【黑弄蝶】 *Daimio tethys*（Ménétriès）

黑弄蝶翅展达30mm~35mm。成虫翅黑色，缘毛和斑纹白色。前翅顶角有3枚~5枚小白斑，中域有5枚大白斑（中室端斑最大，m_3室斑很小）；后翅正面中域有1条白色横带，其外缘有黑色圆点。后翅反面基半部白色，其上有数个小黑圆点。寄主为天南星科的芋（*Colocasia esculenta*），薯蓣科（Dioscoreaceae）的薯蓣（*Dioscorea opposita*）、日本薯蓣（*Dioscorea japonica*）、褐苞薯蓣（*Dioscorea persimilis*）。

3.11.9 飒弄蝶属 *Satarupa*

【蛱型飒弄蝶】*Satarupa nymphalis*（Speyer）

蛱型飒弄蝶翅正面黑褐色，前翅中室端有1枚小白斑，亚顶角r_3室至r_5室具1列密排的白斑，m_1室及m_2室各有1枚椭圆形小白斑，m_3室及cu_1室各有1枚宽白斑，cu_2室有上下2枚白斑；后翅具1条宽阔的白色中带，其外缘为1列深色斑。反面与正面相似，但前翅cu_2室白斑外侧有灰白色鳞片，后翅基半部为白色，r_1室具2枚黑斑。前翅缘毛黑褐色，后翅缘毛在翅脉处为黑褐色，其余为白色，较近似飒弄蝶，但反面后翅外中区黑斑之间沿翅脉无白色。

3.11.10 花弄蝶属 *Pyrgus*

【花弄蝶】*Pyrgus maculatus*（Bremer et Grey）

花弄蝶翅展达25mm~30mm。成虫翅黑褐色，缘毛黑白色相间。前翅中室端部1枚白斑最大，末端有白色线，中室下方5枚白斑，cu_1室1枚白斑较宽，近顶角各室白斑均较小。后翅中部4枚白斑组成带状。前翅反面褐色，后翅反面基半部与外缘灰白色，斑纹与正面相同。春型白斑均很宽阔，后翅亚外缘可见4枚~5枚白斑；前翅反面顶角与后翅反面赤褐色。寄主为蔷薇科的绣线菊（*Spiraea salicifolia*）、茅莓（*Rubus parvifolius*）。

3.11.11 锷弄蝶属 *Aeromachus*

【黑锷弄蝶】*Aeromachus piceus* Leech

黑锷弄蝶翅展达20mm~30mm。成虫小型种类，翅正面黑色，无斑纹；反面棕褐色，缘毛灰黄白色。前后翅反面均有亚外缘线和外横线，各由1列黄白色小斑组成，前翅的线都不到达后缘，后翅基部另有小斑点。

【河伯锷弄蝶】*Aeromachus inachus*（Ménétriès）

河伯锷弄蝶翅展达20mm~25mm，为小型种类。成虫前翅外横带有7枚~8枚小白点，排成弧形，中室端有1枚小白点；后翅正面无斑纹。前翅反面有外横带和亚缘带白点列，后翅脉纹色淡，脉间散生许多黑色三角斑。成虫多见于山地林区树荫处，数量稀少。

3.11.12 腌翅弄蝶属 *Astictopterus*

【腌翅弄蝶】*Astictopterus jama*（Felder et Felder）

腌翅弄蝶翅展达25mm~30mm，为本属的代表种。成虫前翅顶端和后翅臀角均圆，R_1和Sc脉接近，翅黑褐色；后翅反面有深色条纹。湿季型前翅无斑，旱季型前翅亚顶端有白斑。

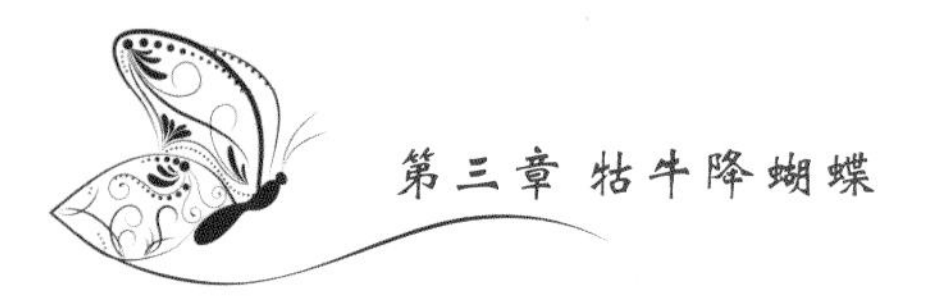

3.11.13 讴弄蝶属 *Onryza*

【讴弄蝶】*Onryza maga* (Leech)

讴弄蝶翅展达20mm~25mm。成虫翅正面黑褐色，前翅顶角较尖，有3枚黄色亚顶端斑；黄色中室端斑2枚，下面1枚向内伸出；m_3及cu_1室中域有黄斑各1枚。后翅m_3及cu_1室中部各有1枚黄斑。翅反面赭褐色，前翅后缘暗褐色，后翅散生小黑斑。寄主为禾本科的芒。

3.11.14 稻弄蝶属 *Parnara*

【直纹稻弄蝶】*Parnara guttata*（Bremer et Grey）

直纹稻弄蝶翅展达35mm~45mm。成虫翅正面褐色，前翅具半透明白斑7枚~8枚，排列成半环状；后翅中央有4枚白色透明斑，排列成直线。翅反面色淡，被有黄粉，斑纹和翅正面相似。雄蝶中室端2枚斑大小基本一致，而雌蝶上方1枚长大，下方1枚多退化成小点或消失。寄主为禾本科的稻、芒、水蔗草（*Apluda mutica*）、细柄草（*Capillipedium parviflorum*）、白茅（*Imperata cylindrica*）、刚莠竹、甘蔗、高粱（*Sorghum bicolor*）、玉蜀黍（*Zea mays*）、菰（*Zizania latifolia*）、知风草（*Eragrostis ferruginea*）、狼尾草（*Pennisetum alopecuroides*）、芦苇（*Phragmites australis*），天南星科的芋。

3.11.15 谷弄蝶属 *Pelopidas*

【隐纹谷弄蝶】*Pelopidas mathias*（Fabricius）

隐纹谷弄蝶翅展达30mm~40mm。成虫翅面黑褐色。雄性前翅有8枚半透明白色斑纹，排成不整齐的环；正面有灰黑色斜走线状性标位于中室端两个白点两线上或外侧。后翅无纹，黑灰赭色，中室外有5条白色小斑纹，排成弧形，中室基部有1枚小白斑。雌性在中域斑的斜下方还有两个斑上小下大。后翅反面有5枚~7枚灰白斑，其中中室基部一个。寄主为禾本科的高粱、稻、甘蔗、玉蜀黍、藤竹草（*Panicum incomtum*）、芒。

3.11.16 孔弄蝶属 *Polytremis*

【刺纹孔弄蝶】*Polytremis zina*（Evans）

刺纹孔弄蝶翅展达40mm~45mm。成虫须的第三节细而延长，半直立，触角锤钝。前翅中室有2枚白斑分开，下面1枚长刺状向基部延伸；前翅 cu_1 室白斑近圆形，不在中室斑下方。前翅透明斑白色，后翅有明显的斑。

3.11.17 豹弄蝶属 *Thymelicus*

【**黑豹弄蝶**】*Thymelicus sylvaticus*（Bremer）

黑豹弄蝶翅展达20mm~30mm。黑豹弄蝶与豹弄蝶（*Thymelicus leoninus*（*Butler*））近似，但雄蝶翅色淡，无性标，也无黑色的外缘带；雌蝶翅的黑色外缘带很宽，翅基部的黑色区及中室端外的黑斑都更发达；m_2室的黄斑比m_3室的长或一样长（豹弄蝶的m_2室斑比m_3室斑短）。寄主为禾本科植物。

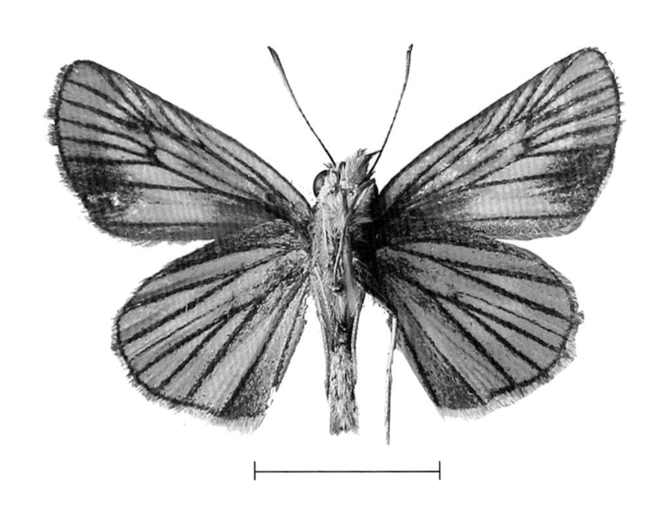

3.11.18 旖弄蝶属 *Isoteinon*

【旖弄蝶】*Isoteinon lamprospilus* Felder et Felder

旖弄蝶翅展达25mm~30mm。雄蝶翅正面黑褐色，外缘毛黑白色相间；前翅亚顶端有3枚长方形小白斑，中域有4枚方形透明白斑，1枚在中室端，其他3枚在cu_2、cu_1、m_1室，构成1条直线；后翅无纹。翅反面黄褐色，前翅后半部黑色，斑纹与翅正面相同；后翅中室具黄色鳞毛，有8枚银白色斑点，排成1个圆圈，中间1枚较大，银斑周围有黑褐色边。雌蝶较雄蝶大，前翅外缘较圆，斑纹大而明显。寄主为禾本科的芒。

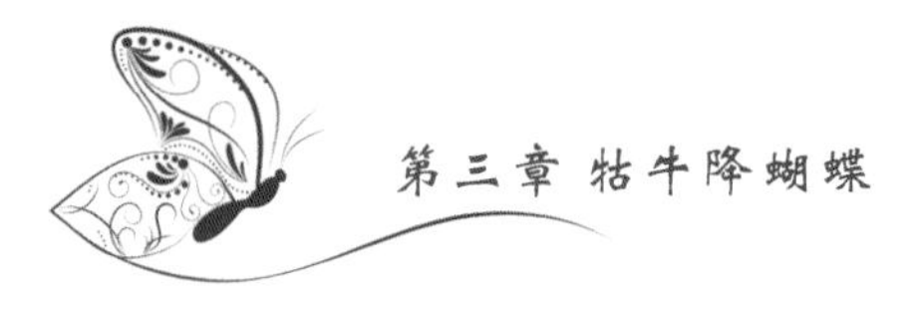

3.11.19 黄斑弄蝶属 *Ampittia*

【钩形黄斑弄蝶】*Ampittia virgata* Leech

钩形黄斑弄蝶翅展达25mm~30mm。雄蝶翅基部色暗,前翅中室有1枚钩状黄斑;两性后翅中域黄色区窄,未达外缘。寄主为禾本科的芒。